50 IDEIAS DE FÍSICA QUÂNTICA QUE VOCÊ PRECISA CONHECER

JOANNE BAKER

50 IDEIAS DE FÍSICA QUÂNTICA QUE VOCÊ PRECISA CONHECER

Tradução de
Rafael Garcia

Planeta

Título original: *50 quantum physics ideas you really need to know*

Preparação: Magno Paganelli
Revisão: Ana Paula Felippe e Pamela Oliveira
Diagramação: Balão Editorial
Capa: Compañía

CIP-BRASIL. CATALOGAÇÃO NA FONTE
SINDICATO NACIONAL DOS EDITORES DE LIVROS, RJ

B142c
Baker, Joanne
50 ideias de física quântica que você precisa conhecer / Joanne Baker; tradução Rafael Garcia. - 1. ed. - São Paulo: Planeta., 2015.

Tradução de: 50 quantum physics ideas you really need to know
ISBN 978-85-422-0604-3

1. Teoria quântica. 2. Física quântica. I. Título..

15-25657 CDD: 530.12
CDU: 530.145

2015

EDITORA PLANETA DO BRASIL LTDA.
Rua Padre João Manoel, 100 – 21º andar
Edifício Horsa II - Cerqueira César
01411-000 – São Paulo – SP
www.planetadelivros.com.br
atendimento@editoraplaneta.com.br

Sumário

Introdução

A história da física quântica é tão recheada de reviravoltas quanto de fenômenos estranhos. Ao longo do último século, uma série de personagens vívidos – de Albert Einstein a Richard Feynman – tentou resolver o quebra-cabeça do interior dos átomos e das forças da natureza. Mas a física superou até mesmo a imaginação fértil deles.

O mundo quântico opera de acordo com a física do minúsculo. Mas fenômenos subatômicos não possuem a regularidade de um relógio e com frequência são desconcertantes. Partículas elementares somem e aparecem do nada, e entidades já conhecidas, como a luz, parecem impossíveis de entender, comportando-se como onda em um dia ou como uma rajada de balas no outro.

Quanto mais aprendemos, mais estranho fica o universo quântico. Informação pode ser "emaranhada" entre partículas, trazendo a possibilidade de que tudo esteja conectado por uma malha invisível. Mensagens quânticas são transmitidas e recebidas instantaneamente, quebrando o tabu de que nenhum sinal pode exceder a velocidade da luz.

A física quântica não é intuitiva – o mundo subatômico se comporta de modo bem diferente do mundo clássico com o qual estamos familiarizados. A melhor maneira de entendê-la é seguir o caminho de seu desenvolvimento e encarar os mesmos quebra-cabeças contra os quais os pioneiros da teoria lutaram.

Neste livro, os primeiros capítulos resumem como o campo emergiu no início do século XX, quando físicos estavam começando a dissecar o átomo e a entender a natureza da luz. Max Planck cunhou o termo *quanta*, argumentando que a energia flui em pequenos pacotes distintos, não como um contínuo. A ideia foi aplicada à estrutura dos átomos, onde os elétrons orbitam em camadas um núcleo compacto.

A partir desse trabalho surgiu a mecânica quântica, com todos os seus paradoxos. Com a física de partículas ganhando impulso, as teorias quânticas de campos e o Modelo Padrão surgiram para explicá-la. Por fim, o livro explora algumas implicações – para cosmologia quântica e conceitos de realidade – e destaca realizações tecnológicas recentes, como os "pontos" quânticos e a computação quântica.

01 Conservação de energia

A energia alimenta o movimento e a mudança. Ela é um elemento transformador que adquire muitas formas, desde o calor que emana da madeira em chamas até a velocidade da água que escorre morro abaixo. Ela pode se transmutar de um tipo em outro. Mas a energia nunca é criada ou destruída. Ela sempre se conserva como um todo.

A ideia da energia como causa de transformações já era familiar entre os gregos antigos – energia significa atividade em grego. Sabemos que sua magnitude cresce de acordo com a força que aplicamos em um objeto e a distância de seu deslocamento ao ser submetido a ela. Mas a energia ainda é um conceito nebuloso para cientistas. Foi investigando a natureza da energia que as ideias da física quântica surgiram.

Quando empurramos um carrinho de supermercado, ele se move para frente porque damos energia a ele. O carrinho é movido por substâncias químicas em combustão dentro de nossos corpos, transmitidas pela força de nossos músculos. Quando arremessamos uma bola, também estamos convertendo energia química em movimento. O calor do Sol vem da fusão nuclear, na qual núcleos de átomos se esmagam uns contra os outros e emitem energia no processo.

A energia tem diferentes trajes, de balas de revólver a trovoadas. Mas suas origens podem ser sempre rastreadas até outro tipo. A pólvora é que alimenta o tiro de uma arma. Movimentos moleculares em uma nuvem atiçam a eletricidade estática que é liberada como uma grande faísca. Quando a energia muda de uma forma para outra, ela faz com que a matéria se mova ou se altere.

Como a energia muda apenas de forma, ela nunca é criada nem destruída. Ela é conservada: o total de energia no Universo, ou em qualquer sistema isolado por completo, continua sempre o mesmo.

linha do tempo

c. 600 a.C.	1638 d.C.	1676	1807
Tales de Mileto reconhece que materiais mudam de forma	Galileu identifica trocas de energia em um pêndulo	Leibniz dá à energia o nome de *vis viva*	Young cria o termo "energia"

Conservação Na Grécia antiga, Aristóteles foi o primeiro a se dar conta de que a energia parecia se conservar, apesar de não ter meios de provar isso. Séculos se passaram até que os primeiros cientistas (conhecidos então como filósofos naturais) entendessem as diferentes formas de energia individualmente e depois as conectassem.

Galileu Galilei fez experimentos com um pêndulo oscilante no começo do século XVII. Ele percebeu que havia equilíbrio entre a velocidade com que o prumo do pêndulo se movia no centro da oscilação e a altura que ele atingia no fim. Quanto mais se erguia o prumo antes de soltá-lo, mais rápido ele passava pelo centro, chegando a uma altura similar no outro lado. Ao longo de um ciclo completo, a energia era convertida de "potencial gravitacional" (associado à altura acima do chão) para energia "cinética" (velocidade).

No século XVII, o matemático Gottfried Leibniz se referia à energia como uma *vis viva*, ou seja, uma força vital. O físico polímata Thomas Young, do século XIX, foi o primeiro a usar a palavra energia com o sentido que damos a ela hoje. Mas continuou a indefinição sobre o que a energia é.

Apesar de atuar sobre grandes corpos, de uma estrela a até mesmo o Universo inteiro, a energia é essencialmente um fenômeno de pequena escala. Energia química surge dos átomos e moléculas reordenando suas estruturas durante reações. A luz e outras formas de energia eletromagnética são transmitidas como ondas, que interagem com átomos. O calor é um reflexo de vibrações moleculares. Uma barra de aço comprimida aprisiona energia elástica em sua estrutura.

A energia está intimamente ligada à natureza da própria matéria. Em 1905, Albert Einstein revelou que massa e energia são equivalentes. Sua famosa equação $E = mc^2$ afirma que a energia (E) liberada pela destruição de uma massa (m) é igual a m vezes a velocidade da luz (c) ao quadrado. Como a luz viaja a 300 milhões de metros por segundo (no espaço vazio), mesmo a destruição de uns poucos átomos libera uma enorme quantidade de energia. Nosso Sol e as usinas nucleares produzem energia dessa maneira.

1850 Rudolf Clausius define entropia e a segunda lei

1860 Maxwell postula seu demônio

1901 Max Planck descreve os *quanta* de energia

1905 Einstein mostra que massa e energia são equivalentes

Outras regras Propriedades ligadas à energia também podem ser conservadas. O momento linear é uma delas. Momento, o produto da massa vezes a velocidade, é uma medida de quão difícil é desacelerar um corpo em movimento. Um carrinho de supermercado pesado tem mais momento do que um vazio, e é difícil pará-lo. Momento tem uma direção, além de um tamanho, e ambos os aspectos são conservados juntos. Isso é bem aplicado na sinuca – se você acerta uma bola parada com uma bola em movimento, a soma das trajetórias finais de ambas é igual à velocidade e à direção da primeira bola em movimento.

O momento também é conservado nos objetos em rotação. Para um objeto que gira em torno de um ponto, o momento angular é definido como o produto do momento linear do objeto vezes a sua distância desse ponto. Patinadores conservam seu movimento angular quando giram. Eles rodam devagar quando seus braços e pernas são estendidos; mas aceleram o giro ao recolher seus membros para perto do corpo.

Outra regra é que o calor sempre é transmitido de corpos quentes para corpos frios. Essa é a segunda lei da termodinâmica. O calor é a medida de vibrações atômicas, portanto átomos chacoalham mais e são mais desorganizados dentro de corpos quentes do que de corpos frios. O nome que físicos dão à quantidade de desordem ou aleatoriedade é "entropia". A segunda lei determina que a entropia sempre aumenta dentro de qualquer sistema fechado sem influências externas.

Como funcionam as geladeiras, então? A resposta é que elas criam calor como um subproduto – como é possível sentir ao se por a mão atrás delas. Geladeiras não violam a segunda lei da termodinâmica; elas fazem uso dela ao criar mais entropia para aquecer o ar do que aquela que é extraída para refrigeração. Na média, levando-se em conta tanto a geladeira quanto as moléculas de ar fora dela, a entropia aumenta.

"É simplesmente estranho o fato de podermos calcular um número e, após terminarmos de ver a natureza fazer seus truques, calcular o número de novo e ele ser o mesmo."

Richard Feynman, em *The Feynman Lectures on Physics*, 1961

Muitos inventores e físicos tentaram elaborar maneiras de burlar a segunda lei da termôdinâmica, mas ninguém teve sucesso. Sonharam com esquemas para construir máquinas de movimento perpétuo, desde uma xícara que se enche e se esvazia sucessivamente até uma roda que impulsiona sua própria rotação com pesos deslizando ao longo das hastes de seu raio. Mas quando se analisa com cuidado esses mecanismos, todos eles deixam energia escapar – por meio de calor ou ruído, por exemplo.

Em 1806, o físico escocês James Clerk Maxwell elaborou um experimento imaginário que poderia criar calor sem o aumento de entropia – apesar de este nunca ter sido posto em funcionamento sem uma fonte de energia externa. Maxwell imaginou juntar duas caixas de gás, ambas com a mesma temperatura, conectadas por um pequeno orifício. Se um dos lados se aquece, as partículas desse lado se movem mais rápido. Normalmente, algumas delas passariam para o outro lado através do orifício, fazendo a temperatura de ambos os lados se igualar gradualmente.

Mas Maxwell imaginou que o oposto também seria possível – com algum mecanismo, que ele imaginou com um pequeno demônio que separava moléculas (conhecido como "demônio de Maxwell"). Se tal mecanismo pudesse ser concebido, ele poderia fazer moléculas rápidas do lado mais frio irem para a caixa mais quente, violando a segunda lei da termodinâmica. Nenhuma maneira de fazer isso jamais foi descoberta, portanto a segunda lei prevalece.

Ideias e regras sobre como transportar e compartilhar energia, acopladas a um maior conhecimento sobre a estrutura atômica, levariam ao nascimento da física quântica no início do século XX.

A ideia condensada: Energia que muda formas

02 A lei de Planck

Ao solucionar o problema de por que o brilho do carvão em brasa é vermelho e não azul, o físico alemão Max Planck deu início a uma revolução que levou ao nascimento da física quântica. Buscando descrever tanto a luz quanto o calor em suas equações, ele segmentou a energia em pequenos pacotes, ou *quanta*, e durante esse processo explicou por que corpos aquecidos emitem tão pouca luz ultravioleta.

É inverno e você está com frio. Você imagina o aconchegante brilho de uma lareira acesa – as brasas vermelhas e as chamas amarelas. Mas por que o brilho das brasas é vermelho? Por que a ponta de um atiçador de ferro também fica vermelha quando colocada na lareira?

O carvão em chamas atinge centenas de graus Celsius. Lava vulcânica é ainda mais quente, aproximando-se dos 1.000 °C. Lava derretida brilha mais intensamente e pode emergir laranja ou amarela, assim como aço fundido à mesma temperatura. Lâmpadas com filamentos de tungstênio são ainda mais quentes. Com temperatura de dezenas de milhares de graus Celsius, similar à da superfície de uma estrela, seu brilho é branco.

Radiação de corpo negro Objetos emitem luz de frequências progressivamente mais altas à medida que se aquecem. Especialmente para materiais escuros, como carvão e ferro – que são eficientes em absorver e transmitir calor – a faixa de frequências irradiadas a uma temperatura em particular tem uma forma similar, conhecida como "radiação de corpo negro".

A energia na forma de luz, em geral, é irradiada com uma "frequência de pico", que cresce com a temperatura, indo do vermelho em direção ao azul. A energia também se espalha para ambos os lados, aumentando de força na direção do pico e declinando ao se afastar dele. O resultado é um espectro na forma de montanha, conhecido como "curva da radiação de corpo negro".

linha do tempo

1860	1896	1900	1901
A expressão "corpo negro" é criada por Kirchhoff	Wien apresenta sua lei de radiação de alta frequência	Rayleigh apresenta sua lei da catástrofe ultravioleta	Planck publica a lei da radiação de corpo negro

Carvão em brasa pode emanar a maior parte de sua luz na faixa do laranja, mas também emite um pouco de vermelho, frequência mais baixa, e algum amarelo, de frequência mais alta. Mas não emite quase nada de azul. Aço fundido, mais quente, desloca esse padrão para frequências mais altas, para emitir sobretudo luz amarela, com algum vermelho-alaranjado e um toque de verde.

Temperatura da cor

A cor de uma estrela denuncia sua temperatura. O Sol, a 6.000 kelvins, aparece amarelo, enquanto a superfície mais fria da gigante vermelha Betelgeuse (na constelação de Órion) tem metade dessa temperatura. A superfície excruciante de Sirius, a estrela mais brilhante do céu, com brilho branco azulado, chega aos 30.000 kelvins.

A catástrofe ultravioleta No final do século XIX, físicos conheciam a radiação de corpo negro e já tinham medido seu padrão de frequências. Mas eles não conseguiam explicá-lo. Diferentes teorias eram capazes de descrever parte desse comportamento, mas não ele todo. Wilhelm Wien cunhou uma equação que previa a rápida atenuação de frequências azuis. Enquanto isso, Lorde Rayleigh e James Jeans explicavam o aumento do espectro vermelho. Mas nenhuma fórmula era capaz de descrever ambas as extremidades.

A solução de Rayleigh e Jeans sobre o espectro crescente era particularmente problemática. Sem um modo de estancar o aumento, a teoria previa uma liberação infinita de energia em comprimentos de onda na faixa do ultravioleta ou menores. Esse problema era conhecido como a "catástrofe ultravioleta".

A solução veio do físico alemão Max Planck, que na época estava tentando unificar as físicas do calor e da luz. Planck gostava de pensar matematicamente e de atacar problemas físicos a partir do zero, começando do básico. Fascinado pelas leis fundamentais da física, notavelmente a segunda lei da termodinâmica e as equações do eletromagnetismo de Maxwell, ele decidiu provar como ambas estavam conectadas.

> **"A descoberta científica e o conhecimento científico só foram alcançados por aqueles que os perseguiram sem terem em vista um propósito prático ou coisa do tipo."**
>
> **Max Planck, 1959**

1905
Einstein identifica o fóton e elimina a catástrofe ultravioleta

1918
Max Planck recebe o Prêmio Nobel

1994
A equipe do COBE publica o espectro de corpo negro do fundo cósmico de micro-ondas (CMB)

2009
A sonda espacial Planck é lançada

MAX PLANCK (1858-1947)

A música foi o primeiro amor de Max Planck na escola, em Munique. Quando ele perguntou a um músico onde ele deveria ir para estudar música, este respondeu que se ele precisava fazer essa pergunta, era melhor procurar outra coisa para fazer. Ele se dedicou à física, mas seu professor reclamava que a física era uma ciência completa: não havia nada mais para descobrir. Felizmente, Planck o ignorou e prosseguiu até desenvolver o conceito de *quanta*. Planck amargou as mortes de sua esposa e de seus dois filhos nas guerras mundiais. Permanecendo na Alemanha, ele conseguiu reerguer a pesquisa física depois da Segunda Guerra. Hoje os prestigiosos institutos Max Planck carregam seu nome.

Quanta Planck manipulava suas equações de modo confiante, sem se preocupar com o que isso poderia significar na vida real. Para tornar a matemática mais fácil de ser manipulada, ele bolou um truque esperto. Parte do problema era o eletromagnetismo ser descrito em termos de ondas. A temperatura, por outro lado, é um fenômeno estatístico, com a energia do calor compartilhada entre muitos átomos ou moléculas. Planck então decidiu tratar o eletromagnetismo da mesma forma que a termodinâmica. No lugar de átomos, ele imaginou campos eletromagnéticos gerados por pequenos osciladores. Cada um poderia assumir certa quantia da energia eletromagnética, que era compartilhada entre muitas dessas outras entidades elementares.

Planck atribuiu uma frequência a cada uma dessas energias, de modo que $E = h\nu$, em que E é energia, ν é a frequência da luz e h é um fator constante, hoje conhecido como constante de Planck. Essas unidades de energia foram batizadas com o termo *quanta*, do latim.

Nas equações de Planck, os *quanta* de radiação de alta frequência têm energias correspondentemente altas. Como existe um limite máximo para o total de energia disponível, não podem existir muitos *quanta* de alta energia num sistema. É mais ou menos como em economia. Se você possui R$ 99,00 na sua carteira, é provável que haja mais notas de valor menor do que notas de valor maior. É possível que você tenha nove notas de R$ 1,00, quatro notas de R$ 10,00 ou mais, mas apenas uma nota de R$ 50,00, com sorte. Do mesmo modo, os *quanta* de alta energia são raros.

Planck calculou a faixa de energia mais provável para um conjunto de *quanta* eletromagnéticos. Em média, a maior parte da energia estava na parte central – explicando a forma de montanha do espectro de corpos negros. Em 1901, Planck publicou sua lei, que foi bastante aclamada por ter resolvido o problema perturbador da "catástrofe ultravioleta".

O conceito dos *quanta* de Planck era totalmente teórico – os osciladores não eram necessariamente reais, e sim uma construção matemática útil para alinhar as físicas de ondas e de calor. Mas ao surgir no começo do século XX, quando nossa compreensão da luz e do mundo atômico avançava rapidamente, a ideia de Planck teve implicações além de qualquer coisa imaginável. Ela se tornou a raiz da teoria quântica.

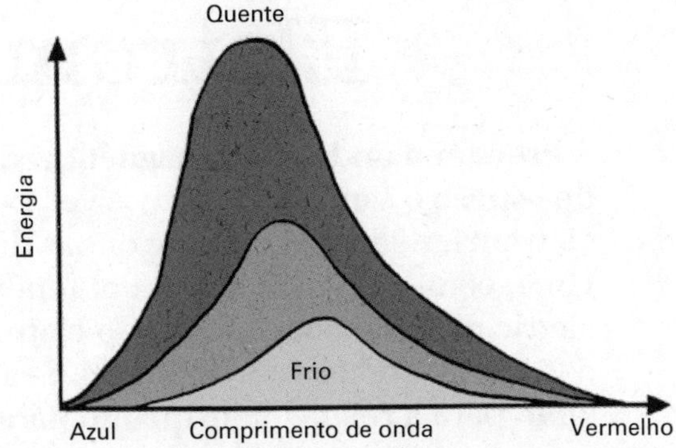

O legado de Planck no espaço O espectro de corpo negro conhecido com mais precisão vem do espaço. Um tênue brilho de micro-ondas com a temperatura exata de 2,73 Kelvins emana de todas as direções no céu. Ele teve origem no Universo bastante jovem, cerca de cem mil anos após o Big Bang, quando os primeiros átomos de hidrogênio se formaram. A energia dessa época resfriou desde então à medida que o Universo se expandiu, e hoje tem seu pico na faixa de micro-ondas do espectro, seguindo a lei dos corpos negros. Essa radiação cósmica de fundo de micro-ondas foi detectada nos anos 1960 e mapeada em detalhe nos anos 1990 por um satélite da Nasa, o COBE (*Cosmic Background Explorer*). A última missão europeia para estudar as micro-ondas de fundo foi batizada com o nome Planck.

A ideia condensada: Economia energética

03 Eletromagnetismo

A luz é uma onda eletromagnética. Estendendo-se além do espectro familiar da luz visível, perturbações eletromagnéticas vão desde ondas de rádio aos raios gama. Hoje, compreendido como um fenômeno que unifica a eletricidade e o magnetismo, o eletromagnetismo é uma das quatro forças fundamentais. Sua essência foi o estímulo tanto para a relatividade quanto para a física quântica.

Não costumamos perguntar por que a luz existe, mas há um bocado de coisas que não compreendemos nela. Nós vemos sombras e reflexos – ela não atravessa nem é refletida por materiais opacos. E sabemos que ela pode ser decomposta no familiar espectro de arco-íris quando passa por vidro ou por gotas de chuva. Mas o que é a luz, afinal?

Muitos cientistas tentaram responder a essa questão. Isaac Newton mostrou no século XVII que cada cor do arco-íris – vermelho, laranja, amarelo, verde, azul, anil e violeta – é uma "nota" fundamental de luz. Ele as misturou para produzir tons intermediários, como o ciano, e os recombinou todos em luz branca, mas ele não poderia dissecar mais o espectro com os equipamentos que tinha. Em experimentos com lentes e prismas, Newton descobriu que a luz se comporta como ondas na água – curvando-se em torno de obstáculos. Quando duas ondas se sobrepunham, a luz era reforçada ou se anulava. Ele concluiu que a luz era feita, assim como a água, de pequenas partículas, ou corpúsculos.

Sabemos hoje que não é bem assim. A luz é uma onda eletromagnética, feita de campos elétricos e magnéticos oscilantes acoplados. Mas a história não para aí. Nos anos 1900, Albert Einstein mostrou que há situações em que a luz de fato se comporta como uma torrente de partículas, hoje chamadas fótons, que carregam energia, mas não possuem massa. A natureza da luz permanece um enigma e tem sido central para o desdobramento da relatividade e da teoria quântica.

linha do tempo

1600	1672	1752	1820
William Gilbert investiga a eletricidade e o magnetismo	Newton explica o arco-íris	Benjamin Franklin conduz experimentos com raios	Hans Oersted liga a eletricidade ao magnetismo

O espectro Cada uma das cores da luz possui um diferente comprimento de onda, o espaçamento entre cristas de ondas adjacentes. A luz azul possui um comprimento de onda menor que a vermelha; a verde fica no meio. A frequência é o número de ciclos de ondas (cristas ou vales) por segundo. Quando um raio de luz branca passa por um prisma, o vidro encurva (refrata) cada cor em um ângulo diferente, de modo que o vermelho se curva menos e o azul se curva mais. Como resultado, as cores se espalham num arco-íris.

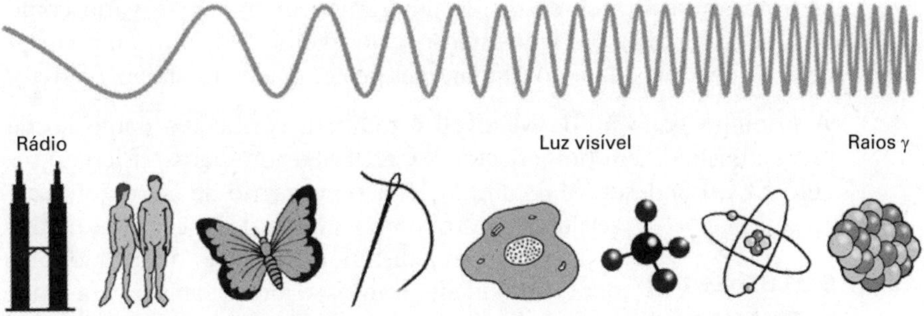

O comprimento de ondas eletromagnéticas varia de milhares de metros para bilionésimos de metro.

Mas as cores não terminam assim. A luz visível é apenas parte do espectro eletromagnético, que se estende das ondas de rádio, com comprimentos de onda da ordem de quilômetros, até os raios gama, com comprimentos de onda menores que um átomo. O comprimento de onda da luz visível é da ordem de um bilionésimo de metro, similar ao tamanho de algumas moléculas. Além dos comprimentos de onda da luz vermelha, com milionésimos de metro, está a luz infravermelha. Com comprimentos de onda de milímetros ou centímetros há as micro-ondas. Além do violeta, ficam o ultravioleta, os raios X e os raios gama (γ).

Equações de Maxwell Ondas eletromagnéticas combinam eletricidade e magnetismo. No início do século XIX, experimentos como os de Michael Faraday mostraram que esses campos poderiam ser mudados de um tipo para o outro. Ao mover um ímã perto de um cabo, empurramos cargas e fazemos eletricidade fluir nesse cabo. Uma cor-

1831
Faraday descobre a indução eletromagnética

1873
Maxwell publica suas quatro equações

1905
Einstein publica sua teoria da relatividade especial

rente em mudança ao passar por uma bobina de arame produz um campo magnético, que pode induzir uma corrente em outra bobina – essa é a base do transformador elétrico, usado para ajustar correntes e voltagens para energia doméstica.

O grande salto ocorreu quando o físico escocês James Clerk Maxwell conseguiu encapsular todo esse conhecimento em apenas quatro equações – conhecidas como equações de Maxwell. Maxwell explicou como a eletricidade e o magnetismo nascem de um único fenômeno: ondas eletromagnéticas, compostas de um campo elétrico que varia como uma onda senoidal em uma direção, acompanhada de um campo magnético que varia de modo similar, mas posicionado em um ângulo reto.

A primeira equação de Maxwell é também conhecida como lei de Gauss, batizada em homenagem a Carl Friedrich Gauss, físico do século XIX. Ela descreve o campo elétrico em torno de um objeto carregado e mostra como a força desse campo se reduz de acordo com a distância elevada ao quadrado, tal qual a gravidade. Então, se algo se afasta para o dobro da distância, fica sujeito a um campo elétrico com um quarto do valor.

“Para entender a natureza das coisas, o homem não precisa perguntar se uma coisa é boa ou ruim, nociva ou benéfica, mas sim de que tipo ela é.”

James Clerk Maxwell, 1870

A segunda equação faz o mesmo para o campo magnético. Campos magnéticos (e elétricos) são frequentemente visualizados pelo desenho do contorno da força de seus campos ou linhas tangenciais de força. Em volta de um ímã, a segunda lei diz que essas linhas de campos magnéticos são sempre alças fechadas, indo do polo norte para o polo sul. Em outras palavras, as linhas de campos magnéticos precisam começar e terminar em algum lugar e todos os ímãs têm um polo norte e um polo sul – não existe nada como um “monopolo” magnético. Um ímã cortado pela metade sempre recria um polo sul ou norte. Ambos os polos são retidos, não importa *quantas* vezes um ímã seja repartido.

A terceira e a quarta equações de Maxwell descrevem a indução eletromagnética, a criação e a alternância entre as forças elétrica e magnética diante de ímãs em movimento e correntes que fluem por bobinas metálicas. A terceira equação descreve como a variação de correntes produz campos magnéticos, e a quarta, como a variação de campos magnéticos produz correntes elétricas. Maxwell também mostrou que as ondas de luz e todas as ondas eletromagnéticas trafegam com a mesma velocidade no vácuo, a 300 milhões de metros por segundo.

Encapsular tantos fenômenos em umas poucas equações elegantes foi uma façanha. Einstein equiparava a realização de Maxwell à gran-

JAMES CLERK MAXWELL (1831-1879)

Nascido em Edimburgo, na Escócia, James Clerk Maxwell se deixou fascinar pelo mundo natural quando viajava para o campo. Na escola, recebeu o apelido de *dafty* (maluquinho) de tanto que se deixava absorver pelos estudos. Sua reputação tanto em Edimburgo como, depois, em Cambridge era a de um aluno brilhante, apesar de desorganizado.

Após a graduação, Maxwell deu seguimento ao trabalho anterior de Faraday com eletricidade e magnetismo e o combinou em quatro equações. Em 1862, ele mostrou que ondas eletromagnéticas e luz viajam à mesma velocidade, e onze anos depois publicou suas quatro equações do eletromagnetismo.

diosa descrição de Newton sobre a gravidade e aplicou as ideias de Maxwell em sua teoria da relatividade. Einstein foi um passo além e explicou como o magnetismo e a eletricidade eram manifestações da mesma força eletromagnética vista em situações diferentes. Alguém que vê um campo elétrico de certo enquadramento o enxergaria como campo magnético a partir de outro enquadramento que esteja se movendo em relação ao primeiro. Mas Einstein não parou aí. Ele também mostrou que a luz não é sempre uma onda – às vezes ela pode agir como partícula.

A ideia condensada: Cores do arco-íris

04 Franjas de Young

Quando um raio de luz se divide em dois, as diferentes trajetórias podem se misturar tanto para reforçar quanto para cancelar o sinal. Assim como nas ondas de água, onde cristas se encontram, ondas se combinam e listras brilhantes aparecem; onde cristas e vales se cancelam um ao outro, fica escuro. Esse comportamento, chamado interferência, prova que a luz age como uma onda.

Em 1801, o físico Thomas Young fez um raio de sol passar por duas fendas estreitas cortadas num pedaço de cartolina. A luz se espalhou então em suas cores constituintes. Mas isso não formou apenas um arco-íris clássico, nem dois. Para sua surpresa, a luz projetou numa tela toda uma série de listras de arco-íris, hoje conhecidas como franjas de Young.

O que estava acontecendo? Young fechou uma das fendas. Um único arco-íris amplo aparecia, da mesma forma que se esperaria ao fazer a luz branca passar por um prisma. O arco-íris principal era flanqueado por algumas manchas mais fracas de cada lado. Quando ele reabria a segunda fenda, o padrão se fragmentava de novo na gama de faixas vívidas.

Young percebeu que a luz estava se comportando como ondas de água. Usando tanques de vidro cheios de água, ele tinha estudado a maneira com que as ondas contornam obstáculos e atravessam lacunas. Quando uma série de ondas paralelas passava por uma abertura como um paredão na entrada de um porto marinho, parte delas passava reto por ali. Mas as ondas que margeavam as bordas do paredão eram desviadas – difratadas – e formavam arcos, espalhando energia ondulatória para os dois lados da abertura. Esse comportamento poderia explicar o padrão de fenda única. Mas, e as franjas vistas com a dupla fenda?

Atirar uma pedra num lago gera anéis de ondulação que se expandem. Atirar outra pedra no lago, perto da primeira, faz os dois con-

linha do tempo

1672
Newton sugere que a luz é feita de corpúsculos

1678
Huygens elabora seu princípio para prever a evolução de ondas

1801
Young realiza seu experimento da dupla fenda

THOMAS YOUNG (1773-1829)

Nascido em uma família *quaker* em Somerset, Inglaterra, em 1773, Thomas Young era o primogênito entre dez irmãos. Na escola, destacou-se em línguas e tinha familiaridade com mais de uma dúzia delas, incluindo persa, turco, grego e latim. Young estudou medicina em Londres e Edimburgo antes de obter o doutorado em física em Göttingen, na Alemanha, em 1796. De volta à Inglaterra, ele recebeu uma grande herança que o tornou rico e independente. Ele praticou a medicina ao mesmo tempo em que realizava experimentos científicos e mantinha um interesse em egiptologia. Além de ajudar a decifrar hieróglifos, traduzindo trechos entalhados na Pedra de Roseta, Young criou o termo "energia" e estabeleceu a teoria da luz.

juntos de ondulações se sobreporem. Nos pontos em que duas cristas ou dois vales se encontram, as ondas se combinam e crescem. Quando uma crista encontra um vale, eles cancelam um ao outro. O resultado é um padrão complexo de picos e depressões arranjado em torno de "raios" de água plana.

Esse efeito é conhecido como interferência. O que acontece quando a onda cresce se chama "interferência construtiva"; já sua diminuição é a "interferência destrutiva". O tamanho da onda em qualquer ponto determinado depende da diferença de fase das duas ondas em interferência ou da distância relativa entre os picos de cada uma. Esse comportamento vale para todos os tipos de onda, incluindo a luz.

Ao usar uma dupla fenda, Young fez dois fluxos de luz – um de cada – interferirem. Suas fases relativas eram ditadas pelas diferentes trajetórias ao atravessar a cartolina e depois disso. Onde as ondas se combinavam para reforçar uma à outra, o resultado era uma listra brilhante. Onde elas se anulavam, o fundo ficava escuro.

Princípio de Huygens No século XVII, o físico holandês Christiaan Huygens elaborou uma regra prática – conhecida como princípio de Huygens – para prever a progressão de ondas. Imagine congelar uma ondulação circular por um momento. Cada ponto desse anel pode se tornar uma nova fonte de ondas circulares. Cada nova ondulação

1818
Fresnel modifica o conceito de Huygens para lacunas e obstáculos

1873
As equações de Maxwell descrevem a luz como uma onda eletromagnética

1905
Einstein mostra que a luz pode se comportar como partícula

"Todos os elogios que eu recebi de Arago, Laplace e Biot não me deram tanto prazer quanto a descoberta de uma verdade teórica ou a confirmação de um cálculo por meio de um experimento."

Fresnel, em uma carta a Young em 1824

então se torna um conjunto de novas fontes. Ao operar essa sequência seguidas vezes, a evolução da onda pode ser acompanhada.

Lápis, papel e compasso é tudo o que seria preciso para traçar a onda. Comece desenhando a primeira frente da onda e então use o compasso para criar mais círculos a partir daquele. A nova passagem da onda pode ser antecipada desenhando uma linha clara ao longo das bordas exteriores dos círculos. O método é simplesmente repetido uma vez após a outra.

Essa técnica simples pode ser aplicada para seguir trajetórias de ondas que passam por lacunas ou contornam objetos situados em seu caminho. No início do século XIX, o físico francês Augustin-Jean Fresnel estendeu o princípio de Huygens para circunstâncias mais complexas, como ondas que encontram obstáculos e cruzam o caminho de outras ondas.

Quando ondas passam por lacunas estreitas, sua energia se espalha para ambos os lados – por meio de um processo chamado difração. Usando a abordagem de Huygens, a fonte de energia da onda na borda da fenda irradia ondas circulares, fazendo a onda ficar com aparência quase semicircular à medida que prossegue. De modo similar, pode ocorrer a difração de energia de ondas que contornam cantos.

O experimento de Young Quando Young fazia luz passar por uma única fenda, a maioria das ondas a atravessava, mas a difração na borda das fendas produzia dois conjuntos próximos de ondas circulares que entravam em interferência, produzindo franjas tênues extras ao lado da linha brilhante principal.

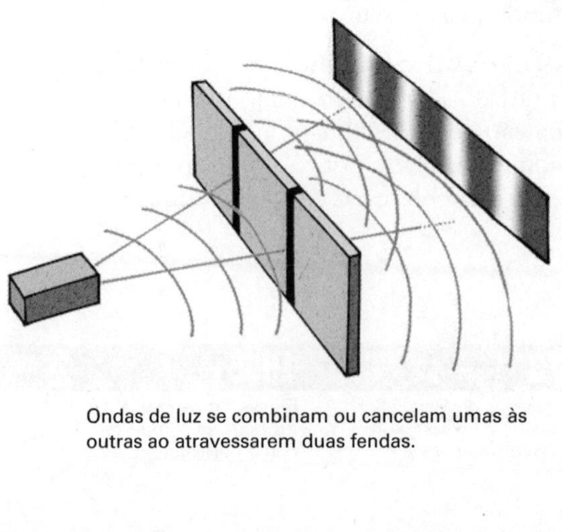

Ondas de luz se combinam ou cancelam umas às outras ao atravessarem duas fendas.

A quantidade de difração depende da largura da fenda em relação ao comprimento de onda da luz que a atravessa. O espaçamento das franjas laterais cresce com o comprimento de onda, mas diminui quando a largura da fenda aumenta. Então, uma fenda mais estreita produz franjas extras mais espaçadas, e a luz vermelha se espalha mais do que a azul.

Quando uma segunda fenda é aberta, o resultado é uma combinação do padrão descrito com um segundo padrão de difração que se dá pela interferência das ondas de cada uma das fendas. Como a distância entre essas duas fontes é muito maior que a largura de uma única fenda, as franjas resultantes são mais estreitamente espaçadas.

Isso é o que Young viu – muitas franjas finas, em razão da interferência de dois fluxos de onda através de ambas as fendas, sobrepostas sobre um padrão largo de franjas em razão da difração por uma única fenda.

“Cada vez que um homem honra um ideal... ele emana uma pequena ondulação de esperança, e cruzando-se umas com as outras de um milhão de diferentes centros de energia e ousadia, essas ondulações constroem a corrente que pode derrubar os mais sólidos muros de opressão e resistência.”

Robert Kennedy, 1966

A descoberta de Young foi importante na época porque contrariava a ideia anterior de Newton de que a luz era feita de partículas ou corpúsculos. Como dois raios de luz podem entrar em interferência, Young mostrou claramente que a luz é uma onda. Partículas teriam passado reto pelas fendas na cartolina e produzido apenas duas listras na tela.

Mas isso não é tão simples. Físicos têm mostrado desde então que a luz é caprichosa: em algumas circunstâncias ela se comporta como uma partícula, em outras como uma onda. Variações do experimento de dupla fenda de Young – emitindo raios de luz muito tênues e fechando as fendas rapidamente após a luz passar – são ainda importantes para investigar a natureza da luz. Algumas das descobertas mais estranhas contribuíram para testar a teoria quântica.

A ideia condensada: Mistura de ondas

05 Velocidade da luz

Notavelmente, a luz trafega sempre à mesma velocidade, independentemente de ter sido emitida de um farol em uma bicicleta, em um trem ou em um jato supersônico. Albert Einstein mostrou em 1905 que nada pode viajar mais rápido que a luz. O tempo e o espaço se distorcem quando nos aproximamos desse limite de velocidade universal. Perto da velocidade da luz, o tempo desacelera e os objetos se encolhem e se tornam mais pesados.

Quando assistimos a uma tempestade de raios, o estrondo do trovão se segue de um clarão luminoso. Quanto mais longe está a tempestade, maior o atraso do som do trovão. Isso ocorre porque o som viaja muito mais devagar do que a luz. O som é um pulso de pressão no ar; leva vários segundos para cobrir um quilômetro. A luz é um fenômeno eletromagnético, muito mais veloz. Mas ao longo de que meio ela se move?

No final do século XIX, físicos supunham que o espaço era preenchido com um tipo de gás elétrico ou "éter", pelo qual a luz trafegava. Em 1887, porém, um experimento famoso provou que esse meio não existe. Albert Michelson e Edward Morley elaboraram um meio engenhoso de detectar o possível movimento da Terra à medida que ela orbitava o Sol em relação a um referencial fixo do éter.

Em seu laboratório, eles dispararam dois raios de luz num ângulo perpendicular um ao outro, refletindo-os em espelhos idênticos posicionados exatamente à mesma distância. Quando os raios se encontravam, franjas de interferência eram produzidas. Se a Terra se movesse ao longo da direção de um dos braços do experimento, a velocidade do planeta deveria ser adicionada ou subtraída da velocidade da luz em relação ao éter. Haveria uma diferença no tempo em que a luz leva para atravessar um dos braços, da mesma forma que um nadador em um rio requer tempos diferentes para nadar um trecho contra

linha do tempo

1887
Michelson e Morley mostram que o éter não existe

1901
Max Planck propõe os *quanta* de energia

1905
Einstein publica sua teoria da relatividade especial

Paradoxo dos gêmeos

Como relógios em movimento batem mais lentamente, astronautas em uma espaçonave veloz envelheceriam mais devagar do que seus colegas na Terra. Se você enviasse um gêmeo para o espaço em um veículo ultrarrápido até, digamos, a estrela mais próxima, ele vivenciaria um tempo mais lento. Ao retornar, ele poderia estar jovem ainda, enquanto seu irmão já seria idoso. Isso soa impossível, mas não é, na realidade, um paradoxo. O gêmeo astronauta seria sido submetido a forças extremas durante sua viagem, à medida que sua nave acelerasse e desacelerasse no caminho de volta. Outra implicação de mudanças relativas no tempo é que eventos que parecem simultâneos em um lugar não parecem sê-lo em outros.

ou a favor da corrente. Como resultado, as franjas se moveriam ligeiramente para um lado e para o outro ao longo de um ano.

Mas elas não se moveram. Os raios de luz sempre retornaram a seus pontos de início ao mesmo tempo. Não importava como ou onde a Terra se deslocava no espaço, a velocidade da luz permanecia inalterada. O éter não existia.

A luz sempre trafega à mesma velocidade: 300 milhões de metros por segundo. Isso é estranho comparado com as ondas na água ou com as ondas sonoras, que podem desacelerar em diferentes meios. Além disso, em nossa vivência, as velocidades normalmente se somam ou se subtraem – um carro prestes a ultrapassar outro parece se mover devagar. Se você acender o farol na direção do outro motorista, o raio viajará à mesma velocidade, não importando quão rápidos estejam ambos os carros. O mesmo vale para um trem em alta velocidade ou um avião a jato.

“O espaço não é um monte de pontos agrupados; é um monte de distâncias entrelaçadas.”

Sir Arthur Stanley Eddington, 1923

Einstein e a relatividade Por que a velocidade da luz é fixa? Essa questão levou Albert Einstein a elaborar a sua teoria da relatividade especial em 1905. Como funcionário de registro de paten-

1915
Einstein publica sua teoria da relatividade geral

1971
A dilatação do tempo é demonstrada por relógios voando em aviões

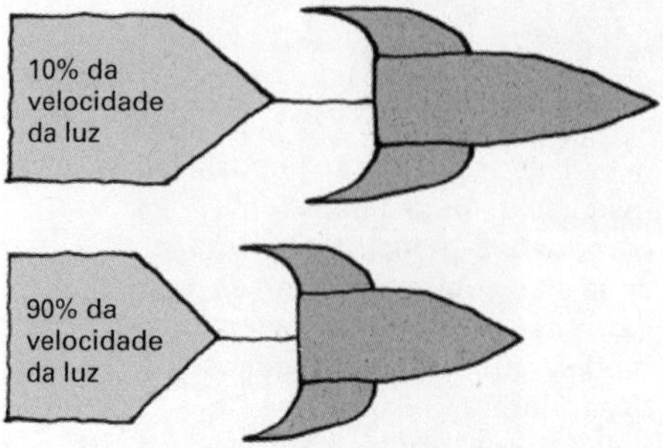

Distâncias se encolhem quando viajamos próximos à velocidade da luz.

tes em Berna, na Suíça, Einstein trabalhava em física nas horas vagas. Ele tentou imaginar o que duas pessoas, viajando a diferentes velocidades, enxergariam se acendessem o farol uma na direção da outra. Se a velocidade da luz é inalterável, Einstein imaginou, então algo precisa mudar para compensar.

O que muda é o espaço e o tempo. Seguindo ideias desenvolvidas por Hendrik Lorentz, George Fitzgerald e Henri Poincaré, Einstein fez o tecido do espaço e do tempo se esticar, de forma que os observadores continuassem percebendo a velocidade da luz como constante. Ele tratou o tempo e as três diferentes dimensões de espaço como aspectos de um "espaço-tempo" de quatro dimensões. A velocidade é a distância dividida pelo tempo, então, como nada pode exceder a velocidade da luz, a distância deve encolher e o tempo desacelerar para compensar. Um foguete que se afasta de você a velocidades próximas à da luz aparenta ser mais curto e vivencia o tempo de maneira mais lenta do que você.

"A velocidade da luz é para a teoria da relatividade como o que o *quantum* elementar de ação é para a teoria quântica: seu núcleo absoluto."

Albert Einstein, 1905

A teoria de Einstein afirma que todo o movimento é relativo: não existe ponto de vista privilegiado. Se você está sentado em um trem e vê outro trem se mover ao lado, você pode não saber qual trem está parado e qual está deixando a estação. De modo similar, apesar de a Terra estar se movendo em torno do Sol e ao longo de nossa própria galáxia, nós não percebemos esse movimento. Movimento relativo é tudo aquilo que podemos experimentar.

Os relógios voadores Perto da velocidade da luz, Einstein previu que o tempo desaceleraria. Relógios em movimento batem com velocidades diferentes. Esse fato surpreendente foi provado em 1971. Quatro relógios atômicos idênticos voaram duas vezes ao redor do mundo, dois em direção ao leste e dois a oeste. Quando chegaram a seus destinos, seus tempos foram comparados com o de outro relógio idêntico que tinha permanecido em solo. Os relógios em movimento perderam uma fração de segundo comparados com o relógio estático, confirmando a teoria da relatividade especial de Einstein.

ALBERT ABRAHAM MICHELSON (1852-1931)

Nascido na Prússia (hoje Polônia), Michelson se mudou para os EUA com seus pais em 1855. Como aspirante da Academia Naval dos EUA, estudou óptica, calor e climatologia, tornando-se finalmente um instrutor ali. Após passar vários anos estudando a física da luz na Alemanha e na França, retornou aos EUA e se tornou professor de física na Universidade Case Western, em Cleveland, Ohio. Foi ali que ele realizou seu trabalho sobre interferometria com Morley, mostrando que o éter não existia. Mais tarde, Michelson mudou-se para a Universidade de Chicago e desenvolveu interferômetros de uso astronômico para medir os tamanhos e as separações entre as estrelas. Em 1907, tornou-se o primeiro cidadão americano a ganhar o Prêmio Nobel de Física.

Objetos também ficam mais maciços quando se aproximam da velocidade da luz, de acordo com $E = mc^2$ (energia = massa × velocidade da luz ao quadrado). Esse ganho de peso é pequeno a baixas velocidades, mas se torna infinito à velocidade da luz, de forma que qualquer aceleração além dela se torna impossível. Então, nada pode exceder a velocidade da luz. Qualquer objeto com massa jamais poderá atingi-la, apenas chegar quase lá, tornando-se mais pesado e mais difícil de acelerar quanto mais perto da velocidade da luz ele chegar. A luz em si é feita de fótons, que não têm massa, por isso não são afetados.

A teoria da relatividade especial de Einstein causou constrangimento e levou décadas para ser aceita. As implicações, incluindo a equivalência entre massa e energia, a dilatação do tempo e da massa, eram profundamente diferentes de qualquer coisa considerada anteriormente. Talvez a única razão pela qual a relatividade tenha sido apreciada é que Max Planck ouviu falar sobre ela e ficou fascinado. A defesa de Planck sobre a teoria da relatividade especial alçou Einstein aos grandes círculos acadêmicos e, finalmente, à fama.

A ideia condensada: Tudo é relativo

06 Efeito fotoelétrico

Uma série de experimentos mirabolantes no século XIX mostrou que a teoria da luz como onda estava errada ou ao menos era insuficiente. Ficou claro que a luz que incide sobre uma superfície de metal desloca elétrons, cujas energias só podem ser explicadas se a luz for feita de fótons – projéteis – e não de ondas.

Em 1887, o físico alemão Heinrich Hertz brincava com centelhas ao tentar construir um receptor de rádio primitivo. A eletricidade enviada, crepitando entre duas esferas de metal no transmissor, desencadeava outra faísca em um segundo par no receptor – compondo um dispositivo chamado gerador de centelha.

A segunda faísca estalava mais facilmente, ele notou, quando as esferas do receptor estavam mais próximas – em geral separadas por algo em torno de um milímetro. Mas, estranhamente, centelhas também surgiam mais facilmente quando o aparato era banhado por luz ultravioleta.

Isso não fazia muito sentido. A luz é uma onda eletromagnética cuja energia poderia ter passado para os elétrons na superfície do metal, libertando-os na forma de eletricidade. Mas investigações adicionais mostraram que não era esse o caso.

Philipp Lenard, um assistente de Hertz, voltou ao laboratório. Ele reduziu o gerador de centelha a sua forma básica: duas superfícies de metal posicionadas no vácuo dentro de um tubo de vidro. As placas internas estavam separadas, mas conectadas do lado de fora do tubo por um cabo e um amperímetro para formar um circuito elétrico. Lenard apontou luzes de diferentes brilhos e frequências para a primeira placa, enquanto mantinha a segunda no escuro. Quaisquer elétrons expelidos da primeira placa voariam pela lacuna e atingiriam a segunda, completando o circuito e fazendo uma pequena corrente fluir.

linha do tempo

1839
Alexandre Becquerel observa pela primeira vez o efeito fotoelétrico

1887
Hertz mede centelhas em geradores banhados em luz ultravioleta

1899
J. J. Thomson confirma que elétrons são liberados pela luz incidente

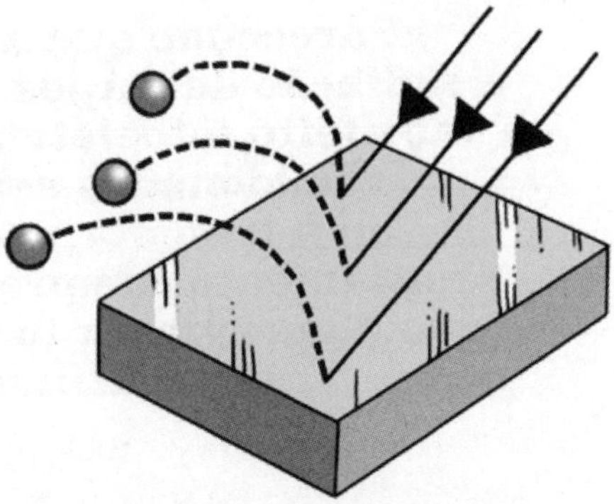

Luz azul expele elétrons para fora de metais.

Lenard descobriu que luz brilhante produzia mais elétrons do que luz tênue, como esperado, dado que mais energia estava incidindo sobre a placa. Mas a variação da intensidade de luz quase não tinha efeito sobre a velocidade dos elétrons expelidos. Tanto fontes brilhantes como tênues produziam elétrons com a mesma energia, que ele media aplicando uma leve voltagem oposta para detê-los. Isso era inesperado – com maior energia sendo aplicada pela luz intensa, ele esperava encontrar elétrons mais rápidos.

Cores da luz Outros físicos se voltaram ao problema, incluindo o americano Robert Millikan. Testando raios de diferentes cores, ele descobriu que a luz vermelha não era capaz de deslocar nenhum elétron, não importando qual fosse o brilho da fonte. Mas as luzes ultravioleta ou azul funcionavam bem. Diferentes metais tinham diferentes "frequências de corte", abaixo das quais a luz não conseguia desalojar elétrons. A energia (velocidade) dos elétrons emitidos além desse limiar crescia com a frequência da luz. O gradiente dessa relação é conhecido como constante de Planck.

"Cinquenta anos de reflexão consciente não me deixaram mais perto de responder à questão 'o que são os *quanta* de luz?'. Hoje, claro, qualquer espertalhão pensa que sabe a resposta, mas ele está se iludindo."

Albert Einstein, 1954

Esse comportamento era surpreendente: de acordo com as ideias da época, ondas de luz deveriam funcionar de maneira oposta. Ondas eletromagnéticas que banham a superfície de metal deveriam arrancar os elétrons aos poucos. Assim como ondas em tempestades carregam mais energia do que marolas, quanto mais forte a luz, mais energéticos e numerosos deveriam ser os elétrons desalojados.

1901

Planck introduz o conceito dos *quanta* de energia

1905

Einstein propõe o conceito de *quanta* de luz, os fótons

"Parece-me que a observação associada à radiação de corpos negros, à fluorescência, ao efeito fotoelétrico e outros fenômenos relacionados associados à emissão ou à transformação de luz são mais prontamente compreendidos se assumirmos que a energia da luz é distribuída de modo descontínuo no espaço."

Albert Einstein, 1905

A frequência também não deveria ter nenhum efeito – em termos de energia aplicada a um elétron estático, não deveria existir muita diferença entre muitas ondas oceânicas pequenas ou umas poucas grandes. Entretanto, pequenas ondas rápidas expeliam elétrons com facilidade, enquanto grandes ondas lentas, não importando quão monstruosas fossem essas ondas, eram incapazes de movê-los.

Outro quebra-cabeça era que os elétrons estavam sendo desalojados rápido demais. Em vez de levar algum tempo para absorver firmemente a energia da luz, elétrons pulavam instantaneamente, mesmo com níveis baixos de luz. Por analogia, uma pequena "marola" era capaz de chutar o elétron para fora do metal. Ao final, algo deveria estar errado com a ideia da luz como simplesmente uma onda eletromagnética.

Fótons-bala de Einstein Em 1905, Albert Einstein explicou as propriedades estranhas do efeito fotoelétrico com uma ideia radical. Em 1921, ele ganhou o prêmio Nobel por esse trabalho, não pela relatividade. Raciocinando sobre o conceito dos *quanta* de energia de Max Planck, Einstein argumentou que a luz existe em pequenos pacotes. Os *quanta* de luz foram depois batizados de "fótons".

O experimento da gota de óleo de Millikan

Em 1909, Robert Millikan e Harvey Fletcher usaram uma gotícula de óleo para medir a carga elétrica de um elétron. Ao suspendê-la entre duas placas de metal carregadas, a dupla mostrou que a força necessária para mantê-la levitando sempre envolvia o múltiplo de uma quantidade básica de carga elétrica, que eles mediram como sendo $1{,}6 \times 10^{-19}$ coulombs. Isso, eles supuseram, era a carga de um único elétron.

ALBERT EINSTEIN (1879-1955)

Em 1905, Albert Einstein publicou três estudos de física, todos eles impactantes. Era uma verdadeira façanha para um físico alemão que trabalhava meio período no Escritório de Patentes da Suíça, em Berna. Os estudos explicavam o movimento browniano, o efeito fotoelétrico e a relatividade especial. Em 1915, eles se seguiram de outro marco, a teoria da relatividade geral. Essa teoria foi comprovada de maneira espetacular apenas quatro anos depois por observações durante um eclipse solar. Einstein se tornou um nome familiar. Ele recebeu o prêmio Nobel em 1921 pelo seu trabalho com o efeito fotoelétrico. Em 1933, Einstein se mudou para os Estados Unidos. Ele assinou uma famosa carta alertando o presidente Roosevelt sobre o risco de os alemães desenvolverem uma arma nuclear, o que levou à criação do Projeto Manhattan.

Einstein sugeriu que era a força de fótons individuais, os quais atuavam como balas ou projéteis, que "chutavam" os elétrons para fora do metal. Apesar de não ter massa, cada fóton carrega certa quantidade de energia, em proporção à sua frequência. Fótons azuis e ultravioletas, portanto, aplicam um golpe mais forte que os vermelhos. Isso poderia explicar por que a energia dos elétrons desalojados também aumenta com a frequência da luz e não com seu brilho.

Um fóton vermelho não vai desalojar nenhum elétron porque não contém energia suficiente para fazê-lo. Mas o golpe de um fóton azul é capaz. Um fóton ultravioleta, que tem ainda mais energia, expulsaria um elétron com mais velocidade. Ajustar o brilho não ajuda. Assim como o disparo de uma uva não vai deter uma bala de canhão, aumentar o número de fótons vermelhos fracos não vai deslocar elétrons. E o aspecto imediato do efeito também pode ser explicado – viajando à velocidade da luz, um único fóton pode deslocar um elétron.

A ideia dos *quanta* de luz de Einstein não decolou logo de cara. Físicos não gostavam dela porque reverenciava a descrição de ondas como luz, resumida tão elegantemente nas equações de Maxwell. Mas uma enxurrada de experimentos que confirmaram que as energias dos elétrons libertados cresciam com a frequência da luz rapidamente tornaram essa ideia maluca um fato.

A ideia condensada: Fótons-bala

07 Dualidade onda-partícula

Na virada do século XX, a ideia de que a luz e a eletricidade eram transmitidas como ondas e que a matéria sólida era feita de partículas veio abaixo. Experimentos revelaram que elétrons e fótons sofriam difração e interferência – assim como as ondas. Ondas e partículas são dois lados da mesma moeda.

A proposta feita por Einstein em 1905 de que a energia da luz era transmitida como pacotes de energia – fótons –, e não como ondas contínuas, era tão controversa que foram necessárias quase duas décadas e muitos testes adicionais até que fosse aceita. No início, ela pareceu reabrir o debate polarizado do século XVII de do que era feita a luz. Na realidade, ela anunciava uma nova compreensão da relação entre matéria e energia.

> **“Toda questão possui dois lados.”**
>
> **Protágoras, 485-421 a.C.**

Nos anos 1600, Isaac Newton argumentou que a luz deveria se constituir de partículas, pois viajava em linhas retas, refletia-se organizadamente e desacelerava em materiais “refratários” como o vidro. Christiaan Huygens e, depois, Augustin-Jean Fresnel mostraram que a luz deveria ser uma onda, em razão do modo com que contornava obstáculos, difratava, refletia e entrava em interferência. James Clerk Maxwell consolidou a teoria ondulatória nos anos 1860 com suas quatro equações, resumindo o eletromagnetismo.

A proposta de Einstein de que a luz era feita de partículas chacoalhou o barco. E, mais do que isso, criou uma tensão desconfortável que ainda perdura. Isso porque a luz não é onda ou partícula – é ambas. E o mesmo vale para outros fenômenos eletromagnéticos.

Em busca da luz O comportamento da luz em uma variedade de experimentos mostra como ela é caprichosa. Ela se comporta como uma série de torpedos sob algumas circunstâncias, como no aparato

linha do tempo

1670	1801	1873	1895	1897
Newton desenvolve sua hipótese dos corpúsculos de luz	Young realiza seu experimento da dupla fenda	Maxwell publica suas equações do eletromagnetismo	Descoberta dos raios X	Thomson sugere que elétrons são as partículas de campos elétricos

LOUIS-VICTOR DE BROGLIE (1892-1987)

Pretendendo se tornar diplomata, Louis de Broglie entrou para a Sorbonne, em Paris, em 1909 para estudar história, mas logo mudou para a física. Após servir na seção de telégrafos do exército, baseada na Torre Eiffel, durante a Primeira Guerra Mundial, ele retornou para a Sorbonne para continuar seus estudos em física matemática. Inspirado pelo trabalho de Max Planck com a radiação de corpo negro, de Broglie apresentou sua teoria da dualidade onda-partícula em sua tese de doutorado em 1924, ganhando depois o prêmio Nobel em 1929. Ele explicou que teve a ideia ao discutir o trabalho de seu irmão Maurice com raios X, implicando que raios X seriam tanto ondas quanto corpúsculos.

do efeito fotoelétrico, e como onda em outras, como no experimento da dupla fenda de Young. Em qualquer medida que fazemos sobre sua essência, a luz ajusta seu comportamento de modo que aquele lado de sua natureza se revele no experimento ao qual a sujeitamos.

Físicos elaboraram experimentos perspicazes para flagrar a luz e revelar sua "verdadeira" natureza. Nenhum deles conseguiu capturar sua essência pura. Variantes do experimento de dupla fenda de Young levaram a dualidade onda-partícula a seu limite, mas a sinergia permanece.

Quando a intensidade da luz é tão tênue que fótons individuais podem ser observados passando pelas fendas resultam no mesmo padrão de interferência se esperarmos o bastante – fótons individuais se acumulam para formar coletivamente as familiares franjas estreitas. Se fechamos uma fenda, os locais dos fótons disparados revertem para uma figura ampla de difração. Abra a fenda de novo, e as fendas reaparecem de cara.

É como se o fóton estivesse em dois lugares ao mesmo tempo e "saiba" em qual estado a segunda fenda se encontra. Não importa quão rápidos sejamos, é impossível enganar um fóton. Se uma das fendas for fechada enquanto o fóton está voando, mesmo depois que a partícula tenha cruzado a lacuna e antes de atingir a tela, ele vai se comportar de maneira correta.

1905	1912	1922	1924	1924
Einstein propõe o conceito dos *quanta* de luz	Von Laue descobre que átomos podem causar difração de raios X	Compton dispersa raios X usando elétrons	De Broglie propõe a dualidade onda-partícula	Davisson e Germer medem a difração de elétrons

O fóton se comporta como se estivesse passando simultaneamente pelas duas fendas. Se você tenta localizá-lo, digamos, posicionando um detector em uma delas, o padrão de interferência desaparece estranhamente. O fóton se torna uma partícula quando você o trata como tal. Em todos os casos testados pelos físicos, as franjas de interferência aparecerão ou desaparecerão de acordo com o tratamento dado aos fótons.

Ondas de matéria A dualidade onda-partícula não se aplica apenas à luz. Em 1924, Louis-Victor de Broglie sugeriu que partículas de matéria – ou qualquer objeto – também podem se comportar como ondas. Ele designou um comprimento de onda característico para todos os corpos, grandes ou pequenos. Quanto maior o objeto, menor o comprimento de onda. Uma bola de tênis que voa sobre uma quadra tem comprimento e onda de 10^{-34} metros. Muito menor do que a largura de um próton. Como objetos macroscópicos têm comprimentos de onda minúsculos, pequenos demais para enxergarmos, não podemos flagrá-los comportando-se como ondas.

Três anos depois, a ideia de Louis-Victor de Broglie foi confirmada: elétrons foram vistos em difração e interferem, assim como a luz. Já se sabia que a eletricidade era carregada por partículas – os elétrons – desde o final do século XIX. Assim como a luz não precisava de um meio para trafegar, em 1897, Joseph John (J. J.) Thomson mostrou que a carga elétrica poderia atravessar o vácuo, de modo que só uma partícula poderia fazer. Isso não se encaixou bem na crença de que os campos eletromagnéticos eram ondas.

Em 1927, nos Laboratórios Bell, em Nova Jersey, Clinton Davisson e Lester Germer dispararam elétrons em um cristal de níquel. Os elétrons que emergiam estavam espalhados pelas camadas atômicas na estrutura do cristal e os raios que escapavam de lá se mesclavam para

Estrutura profunda

A cristalografia de raios X é largamente usada para determinar a estrutura de novos materiais e por químicos e biólogos que investigam arquiteturas moleculares. Em 1953 ela foi usada para identificar a estrutura do DNA. Francis Crick e Jim Watson tiveram sua ideia após olharem para os padrões de interferência de raios X do DNA de Rosalind Franklin e se darem conta de que as moléculas que o produziram deveriam estar arranjadas como uma dupla hélice.

produzir um padrão de difração reconhecível. Elétrons estavam em interferência, do mesmo modo que a luz. Os elétrons estavam se comportando como ondas.

Uma técnica similar estava sendo usada para determinar a estrutura de cristais ao disparar raios X através deles – a cristalografia de raios X. Apesar de não haver certeza sobre sua origem quando foram descobertos em 1895 por Wilhelm Conrad Röntgen, logo se constatou que os raios X eram uma forma de radiação eletromagnética de alta energia.

Em 1912, Max von Laue se deu conta de que os curtos comprimentos de onda dos raios X eram comparáveis ao espaçamento entre os átomos de cristais; então, se fossem irradiados entre suas camadas, sofreriam difração. A geometria do cristal poderia então ser calculada pelas posições das áreas brilhantes que resultariam disso. Esse método foi usado na famosa prova da estrutura de dupla hélice do DNA em 1950.

Um experimento ligado a estes provou o conceito de fóton de Einstein em 1922. Arthur Compton teve sucesso na dispersão de raios X a partir de elétrons, medindo a pequena mudança de frequência que resultou daí – conhecida com efeito Compton. Tanto fótons de raios X quanto elétrons estavam se comportando como bolas de bilhar. Einstein estava certo. Além disso, todos os fenômenos eletromagnéticos se comportavam como partículas.

> **“Para a matéria, bem como para a radiação, em particular a luz, precisamos introduzir ao mesmo tempo o conceito de corpúsculo e o conceito de onda.”**
>
> **Louis de Broglie, 1929**

Hoje, físicos testemunham o comportamento onda-partícula em nêutrons, fótons e moléculas – até mesmo das grandes, como as bolas de futebol de carbono microscópicas conhecidas como *buckyballs*.

A ideia condensada: Dois lados da mesma moeda

08 O átomo de Rutherford

No final do século XIX, físicos começaram a desmontar o átomo. Primeiro eles revelaram os elétrons e então o núcleo, feito de prótons e nêutrons. Para explicar o que mantém o núcleo coeso, uma nova interação fundamental – a força nuclear forte – foi proposta.

Átomos já foram considerados os menores blocos constituintes da matéria, mas pouco mais de um século atrás tudo isso mudou. Físicos começaram a dissecar o átomo e mostraram que ele é feito de muitas camadas, como uma boneca russa. A primeira camada era a dos elétrons. Disparando uma corrente elétrica através do gás contido em um tubo de vidro, o inglês J. J. Thomson libertou elétrons dos átomos em 1887.

Ele pouco sabia sobre como eles se distribuíam na matéria e propôs o simples modelo atômico do "pudim de ameixas", no qual elétrons negativamente carregados ficavam encrustados como ameixas ou passas em uma massa de carga positiva. A atração entre os elétrons e as cargas positivas supostamente mantinha o átomo coeso, misturando-se ao longo do pudim.

As camadas mais profundas eram o alvo de um experimento em 1909. Ernest Rutherford realizou um teste intrigante com seus colegas Hans Geiger e Ernest Marsden. Com o objetivo de testar o modelo do pudim de ameixas, eles dispararam partículas alfa pesadas – uma forma de radiação emanada do rádio ou do urânio – contra uma folha de ouro extremamente fina, com a espessura de poucos átomos.

Eles esperavam que a maior parte das partículas alfa fossem atravessar o material. De fato, uma pequena proporção das partículas (uma para cada vários milhares) era rebatida pela folha. Muitas tinham a direção revertida, sendo desviadas por ângulos grandes (de 90 a 180

linha do tempo

1887	1904	1909	1911
Thomson descobre o elétron	Thomson propõe o modelo do "pudim de ameixas"	Rutherford realiza o experimento da folha de ouro	Rutherford propõe o modelo nuclear

ERNEST RUTHERFORD (1871-1937)

O neozelandês Rutherford foi um alquimista da era moderna, transmutando um elemento, o nitrogênio, em outro, o oxigênio, por meio de radioatividade. Líder inspirador do Laboratório Cavendish, em Cambridge, Inglaterra, ele orientou vários futuros ganhadores do prêmio Nobel. Seu apelido era "o crocodilo", e esse animal até hoje é o símbolo do laboratório. Em 1910, suas investigações sobre a dispersão de raios alfa e a natureza da estrutura interna do átomo o levaram a identificar o núcleo.

graus), como se tivessem atingido algo duro, como um taco de beisebol. Rutherford percebeu que dentro dos átomos de ouro que compunham a folha havia núcleos compactos, duros e maciços.

Batizando o núcleo O modelo do "pudim de ameixas" de Thomson não podia explicar isso. Ele concebia o átomo como uma maçaroca de cargas positivas e negativas, nenhuma das quais dura ou pesada o suficiente para poder bloquear uma partícula alfa. Rutherford concluiu que os átomos de ouro deveriam possuir um centro denso. Ele o chamou de núcleo, palavra que deriva do latim *nucleus*, a semente de uma noz. Era o início da física nuclear, a física do núcleo atômico.

Físicos e químicos sabiam sobre as massas de diferentes elementos por meio da tabela periódica. Em 1815, William Prout sugeriu que os átomos eram compostos de múltiplos do átomo mais simples – o hidrogênio. Mas isso não explicava facilmente os pesos dos elementos. O segundo elemento, o hélio, por exemplo, não tinha o dobro, mas sim o quádruplo da massa do hidrogênio.

"Foi quase tão incrível como se você disparasse uma bala de canhão de 15 polegadas em um lenço de papel e ela voltasse na sua direção."

Ernest Rutherford, 1936

Só um século depois, Rutherford mostrou que os outros elementos de fato contêm núcleos de hidrogênio – as cargas positivas eram arrancadas quando partículas alfa (átomos de hélio) eram disparadas através de gás nitrogênio, que se transformava em oxigênio no processo. Essa foi

1918
Rutherford isola o próton

1932
Chadwick descobre o nêutron

1934
Yukawa propõe a força nuclear forte

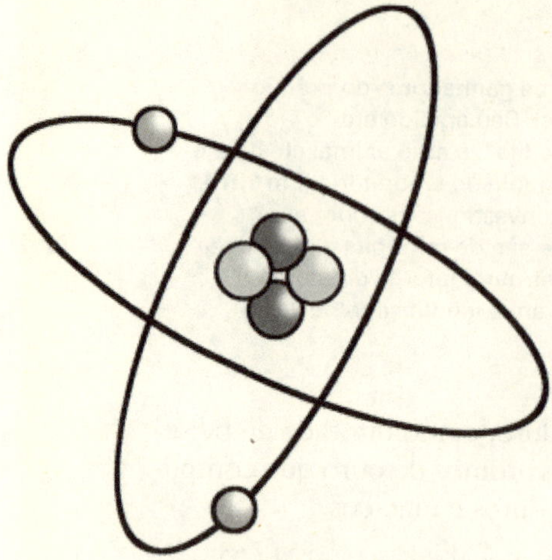

A maior parte da massa de um átomo reside em seu núcleo.

a primeira vez que um elemento foi deliberadamente transformado em outro. Para evitar confusão com o gás hidrogênio em si, em 1920 Rutherford batizou o núcleo de hidrogênio como "próton", da palavra grega para "primeiro".

Componentes do núcleo Para explicar pesos atômicos, Rutherford imaginou que o núcleo seria feito de determinado número de prótons, mais alguns elétrons junto destes para equilibrar a carga. O resto dos elétrons ficariam fora do núcleo, em camadas. Hidrogênio, o elemento mais leve, tem um núcleo com apenas um próton e um elétron orbitando-o. O hélio, ele imaginou, teria quatro prótons e dois elétrons no núcleo – para obter a carga positiva dupla de uma partícula alfa – com mais dois orbitando do lado de fora.

O conceito de elétrons nucleares logo se revelou falso. Em 1932, uma nova partícula foi encontrada por James Chadwick, colega de Rutherford. Uma partícula neutra com a mesma massa de um próton era pesada o suficiente para expulsar prótons da parafina, mas não tinha carga. Ela foi batizada de nêutron, e o modelo do átomo foi reorganizado.

Peso atômico poderia ser explicado por uma mistura de nêutrons e prótons no núcleo. Um átomo de carbono-12, por exemplo, contém seis prótons e seis nêutrons no núcleo (somando-se em uma massa de 12 unidades atômicas) e seis elétrons em órbita. Formas alternativas de elementos com pesos diferentes são chamadas isótopos.

Datação por carbono

Uma forma pesada de carbono é usada para datar artefatos arqueológicos, como a madeira ou carvão de fogueiras com alguns milhares de anos. O peso normal do carbono é de doze unidades atômicas, mas ocasionalmente ele aparece em uma forma com 14 unidades. O carbono-14 é instável e decai radioativamente. O tempo que metade dos átomos leva para decair emitindo uma partícula beta, tornando-se nitrogênio-14, é de 5.730 anos. Essa reação lenta pode ser usada para datação.

> **“Creio muito na simplicidade das coisas e você provavelmente sabe que tendo a me agarrar a ideias simples e amplas com toda a força até que a evidência seja forte demais para minha tenacidade.”**
>
> **Ernest Rutherford, 1936**

O núcleo de um átomo é minúsculo. Com apenas alguns femtômetros (10^{-15} metros ou um décimo de milionésimo de bilionésimo de um metro) de diâmetro, o centro do átomo é cem mil vezes mais compacto do que as órbitas de elétrons que o circulam. Essa proporção é equivalente ao comprimento de Manhattan, dez quilômetros, em relação ao diâmetro da Terra.

O núcleo também é pesado e denso – virtualmente toda a massa do átomo, podendo conter várias dezenas de prótons e nêutrons, está amontoada dentro dessa pequena região. Mas como podem todos esses prótons positivamente carregados estar tão colados? Por que eles não se repelem e explodem o núcleo? Físicos precisavam de um novo tipo de força para colar os núcleons, que eles chamaram de força nuclear forte.

A força nuclear forte age sobre escalas tão pequenas que só ganha importância dentro do núcleo. Fora dele ela é muito mais fraca do que a força eletrostática. Então, se você pudesse pegar dois prótons e empurrar um na direção do outro, primeiro você iria senti-los se repelindo. Continue apertando, porém, e eles iriam se encaixar num estalo, como blocos de construção. Se você os comprimir o suficiente, eles não se soltarão. Por isso prótons e nêutrons são firmemente unidos dentro do núcleo, que é compacto e duro.

Com a gravidade, o eletromagnetismo e a força nuclear fraca, a força forte é uma das quatro forças fundamentais.

A ideia condensada: O núcleo compacto

09 Saltos quânticos

Elétrons circulam o núcleo em camadas de diferentes energias, como as órbitas dos planetas. Niels Bohr descreveu como elétrons podem pular entre as camadas e como eles o fazem ao emitir ou absorver luz correspondente à diferença de energia. Esses pulos são conhecidos como saltos quânticos.

Em 1913, o físico dinamarquês Niels Bohr aprimorou o modelo do átomo de Rutherford ao determinar como os elétrons se arranjam em torno do núcleo. Bohr imaginou que elétrons negativamente carregados trafegariam por órbitas em torno de um núcleo carregado positivamente, assim como planetas orbitam o Sol. Ele também explicou por que suas órbitas ficam a distâncias específicas do centro, ligando a estrutura atômica à física quântica.

Elétrons são mantidos próximos ao núcleo por meio de forças eletrostáticas – a atração mútua entre cargas positivas e negativas. Mas cargas em movimento, ele sabia, deveriam perder energia. Assim como movimentar uma corrente elétrica é algo que gera um campo em torno de um fio ou em um radiotransmissor, mover elétrons é algo que emite radiação eletromagnética.

> **“Tudo aquilo que chamamos de real é feito de coisas que não podem ser consideradas reais.”**
>
> **Niels Bohr**

Teorias iniciais sobre o átomo previam, então, que elétrons em órbita deveriam perder energia e espiralar lentamente em direção ao núcleo, emitindo ondas eletromagnéticas de frequência cada vez maior – como um apito cada vez mais agudo. Isso obviamente não acontece na realidade. Átomos não colapsam espontaneamente, e nenhum desses sinais de alta frequência jamais foi encontrado.

Linhas espectrais Na verdade, átomos emitem luz apenas em comprimentos de onda muito específicos. Cada elemento produz um con-

linha do tempo

1887	1901	1904	1905
Thomson descobre o elétron	Planck propõe o conceito dos *quanta* de energia	Thomson propõe o modelo do "pudim de ameixas"	Einstein propõe o conceito dos *quanta* de luz

junto característico de "linhas espectrais", como uma espécie de escala musical da luz. Bohr supôs que essas "notas" estavam relacionadas com as energias das órbitas dos elétrons. Apenas nessas camadas o elétron era estável e imune à perda de energia eletromagnética.

Elétrons, Bohr postulou, podem se mover entre órbitas subindo e descendo na escala, como se galgassem os degraus de uma escada. Esses passos são conhecidos como saltos ou pulos quânticos. A diferença de energia entre os degraus é adquirida ou perdida com o elétron absorvendo ou emitindo luz de uma frequência correspondente. Isso produz as linhas espectrais.

O momento angular de cada uma das camadas aumenta de modo que cada órbita subsequente tenha 1, 2, 3, 4 vezes o da primeira, e assim por diante. Os valores inteiros para diferentes estados de energia dos elétrons são conhecidos como os "números quânticos" primários: n = 1 corresponde à órbita mais baixa, n = 2 à seguinte, e assim sucessivamente.

Dessa maneira, Bohr pode descrever o conjunto de energias do hidrogênio, o átomo mais simples, com um elétron orbitando um único próton. Essas energias se encaixavam bem nas linhas espectrais do hidrogênio, solucionando um antigo quebra-cabeça.

Bohr estendeu seu modelo para átomos mais pesados, que têm mais prótons e nêutrons em seus núcleos e mais elétrons em órbita. Ele supôs que cada órbita poderia conter apenas certo número de elétrons e

Tipos de ligações químicas

Ligação covalente: pares de elétrons são compartilhados por dois átomos

Ligação iônica: elétrons de um átomo são removidos e inseridos em outro, resultando em íons positivos e negativos que se atraem um ao outro

Ligação de Van der Waal: forças eletrostáticas atraem moléculas em um líquido

Ligações metálicas: íons positivos são ilhas num mar de elétrons

1911 Rutherford propõe o modelo nuclear

1913 Bohr desenvolve seu modelo do átomo

1927 Schrödinger propõe as equações de onda

“É errado pensar que a tarefa da física é descobrir como a natureza é. A física trata daquilo que dizemos sobre a natureza.”

Niels Bohr

que elas se preenchiam das energias mais baixas para as mais altas. Quando um nível estava lotado, os elétrons passavam então a se acumular em camadas mais altas.

Como a vista dos elétrons mais externos para o núcleo está parcialmente bloqueada pelos elétrons internos, eles não sentem uma força atrativa tão grande do centro quanto sentiriam se estivessem sós. Elétrons próximos também repelem um ao outro. Então, o nível de energia de átomos grandes é diferente daqueles do hidrogênio. Modelos modernos mais sofisticados funcionam melhor do que o original de Bohr para explicar essas diferenças.

Explorando camadas de elétrons O modelo de camadas de Bohr explica os diferentes tamanhos de átomos e como eles variam ao longo da tabela periódica. Aqueles com alguns elétrons pouco atraídos em camadas superiores são capazes de inchar mais facilmente do que aqueles com poucas camadas externas. Elementos como flúor e cloro, no lado direito da tabela, tendem a ser mais compactos do que aqueles no lado esquerdo, como lítio e sódio.

O modelo também explica por que gases nobres são inertes – suas camadas externas estão cheias e não podem adquirir nem doar elétrons ao reagir com outros elementos. A primeira camada suporta apenas dois elétrons antes de se preencher. Então o hélio, com dois prótons em seu núcleo atraindo dois elétrons, tem sua camada mais externa preenchida e não interage com facilidade. A segunda camada comporta oito elétrons e está preenchida no caso do próximo gás nobre, o neon.

As coisas ficam mais complicadas da terceira camada em diante, porque os orbitais dos elétrons adotam formas não esféricas. A terceira camada comporta oito elétrons, mas há outra configuração em forma de sino que pode acomodar mais dez – explicando assim os elementos de transição, como o ferro e o cobre.

As formas dos grandes orbitais vão além do modelo simples de Bohr e são difíceis de calcular mesmo hoje. Mas elas determinam as formas das moléculas, pois ligações químicas surgem do compartilhamento de elétrons. O modelo de Bohr não funciona bem para grandes átomos, como o ferro. Ele também não pode explicar as forças e as estruturas detalhadas de linhas espectrais. Bohr não acreditava em fótons na época em que desenvolveu esse modelo, que foi baseado na teoria clássica do eletromagnetismo.

O modelo de Bohr foi substituído no fim dos anos 1920 por versões da mecânica quântica. Elas acomodaram as propriedades ondulatórias de um elétron e trataram a órbita como uma espécie de nuvem de probabilidade – uma região do espaço onde há alguma probabilidade de o elétron estar. Não é possível saber exatamente onde o elétron está em determinado instante.

Ainda assim, o *insight* de Bohr continua útil na química, pois explica uma miríade de padrões, da estrutura da tabela periódica ao espectro do hidrogênio.

Elétrons saltitantes

Elétrons podem pular de uma órbita para outra, ganhando ou perdendo radiação eletromagnética de uma frequência (ν) proporcional à diferença de energia (ΔE), de acordo com a relação de Planck, em que h é a constante de Planck:

$$\Delta E = E_2 - E_1 = h\nu$$

A ideia condensada: Escada energética de elétrons

10 Linhas de Fraunhofer

Luz pode ser absorvida ou emitida quando um elétron de um átomo se move de um nível de energia para outro. Como as camadas dos elétrons ficam em energias fixas, a luz só pode adotar certas frequências e aparece como uma série de faixas – conhecidas como linhas de Fraunhofer – quando decomposta por um prisma ou uma grade de fendas.

Desde que Isaac Newton iluminou um prisma de vidro com um raio de sol no século XVII, sabemos que a luz branca é feita de uma mistura das cores do arco-íris. Mas, se você olhar mais de perto, o espectro da luz do Sol contém muitas listras pretas – como se fosse um código de barras. Comprimentos de onda específicos estão sendo cortados quando a luz do Sol passa pelas camadas gasosas exteriores da estrela.

Cada "linha de absorção" corresponde a um elemento químico em particular visto em vários estados e energias. Os comuns são o hidrogênio e o hélio, que compõem a maior parte do Sol, e produtos de sua queima, incluindo carbono, oxigênio e nitrogênio. Ao mapear o padrão de linhas é possível analisar a química do Sol.

O astrônomo inglês William Hyde Wollaston viu linhas negras no espectro solar em 1802, mas a primeira análise detalhada dessas linhas foi conduzida em 1814 pelo fabricante de lentes alemão Joseph von Fraunhofer, que hoje empresta seu nome a elas. Fraunhofer conseguiu listar mais de 500 linhas; equipamentos modernos conseguem ver milhares.

Nos anos 1850, os químicos alemães Gustav Kirchhoff e Robert Bunsen descobriram em laboratório que cada elemento produz um conjunto único de linhas de absorção – cada um tem seu próprio código de barras. Elementos também podem emitir luz nessas frequências. Luzes de neon fluorescentes, por exemplo, emitem uma série de linhas brilhantes que correspondem aos níveis de energia dos átomos do gás neon dentro dos tubos.

linha do tempo

1672
Newton revela o espectro da luz branca

1801
Young faz o experimento da dupla fenda

1802
Wollaston vê linhas escuras no espectro solar

A frequência precisa de cada linha espectral corresponde à energia de um salto quântico entre dois níveis de energia num átomo em particular. Se o átomo está num gás muito quente – como aquele no tubo de luz neon – os elétrons tentam se resfriar e perdem energia. Quando caem para um nível de energia inferior, eles produzem uma linha de emissão brilhante na frequência correspondente à diferença de energia.

Gases frios, por outro lado, absorvem energia de uma fonte de luz ao fundo, expulsando um elétron para um nível superior. Isso resulta em uma linha de absorção negra – uma lacuna – no espectro da fonte de luz ao fundo. O estudo da química espectral, conhecido como espectroscopia, é uma técnica poderosa para revelar o conteúdo de materiais.

Grades Em vez de usar prismas de vidro, trambolhos com poder limitado, um dispositivo com uma série de fendas estreitas paralelas pode ser inserido no raio de luz. Isso é chamado de grade de difração: Fraunhofer produziu as primeiras a partir de cabos alinhados.

Grades são ferramentas muito mais poderosas do que prismas e podem dobrar a luz em ângulos maiores. Elas também aproveitam as propriedades ondulatórias da luz. Um raio visto através de cada uma das fendas dispersa sua energia em razão da difração. O ângulo com que ele se curva cresce com o comprimento de onda da luz, mas é inversamente proporcional à largura da fenda. Fendas muito finas espalham a luz mais abertamente, e a luz vermelha é defletida mais do que a azul.

Quando há duas ou mais fendas, a interferência entre os fluxos de ondas entra em ação – picos e vales das ondas de luz se somam ou se

JOSEPH VON FRAUNHOFER (1787-1826)

Nascido na Baviera, Alemanha, Fraunhofer ficou órfão aos 11 anos e se tornou um aprendiz de vidreiro. Em 1801, ele quase morreu soterrado quando a oficina desmoronou. Ele foi resgatado por um príncipe – Maximiliano I José da Baviera – que sustentou sua educação e o ajudou a se mudar para um mosteiro especializado em vidraria fina. Lá ele aprendeu a fazer um dos melhores vidros ópticos do mundo e finalmente tornou-se diretor do instituto. Assim como muitos vidreiros da época, morreu cedo – aos 39 anos – em função do envenenamento por vapores de metais pesados usados no ofício.

1814
Fraunhofer separa centenas de linhas

Década de 1950
Kirchhoff e Bunsen descobrem que as linhas vêm dos elementos

> **“Todas as leis das linhas espectrais e da teoria atômica surgiram originalmente da teoria quântica. Ela é o misterioso órgão no qual a natureza toca sua música dos espectros, da qual segundo o ritmo ela regula a estrutura dos átomos e dos núcleos.”**
>
> **Arnold Sommerfeld, 1919**

anulam, criando um padrão de luz e listras pretas, conhecidas como franjas, em uma tela. O padrão é feito de dois efeitos sobrepostos: o padrão de fenda única aparece, mas dentro de suas franjas há uma série mais fina de listras, cujas divisões são inversamente proporcionais à distância entre as duas fendas.

Grades de difração são uma versão maior do experimento de dupla fenda de Young. Como há muitas fendas, não apenas duas, as franjas brilhantes são mais nítidas. Quanto mais fendas, mais brilhantes as franjas. Cada franja é um miniespectro. Físicos podem construir grades sob medida para dissecar o espectro da luz em resolução cada vez mais fina ao variar a densidade e o tamanho das fendas. Grades de difração são muito usadas em astronomia para observar a luz de estrelas e galáxias e ver de que elas são feitas.

Diagnóstico Apesar de a luz branca se dispersar para formar um suave espectro vermelho-verde-azul, átomos emitem luz apenas em certas frequências. Esse código de barras de “linhas espectrais” corresponde aos níveis de energia de elétrons dentro deles. Os comprimentos de onda de elementos comuns, como hidrogênio, hélio ou oxigênio, são bem conhecidos dos experimentos de laboratório.

Linhas de emissões brilhantes aparecem quando um elétron está muito quente e perde energia, caindo para um nível de energia menor e liberando o excesso na forma de um fóton. Linhas de absorção também são possíveis, se átomos são banhados com luz da energia certa para chutar elétrons para uma órbita mais alta. O código de barras aparece então como listras pretas contra um pano de fundo amplo.

A frequência exata das linhas depende do estado de energia dos átomos e de eles estarem ionizados ou não – em gases muito quentes os elétrons mais externos podem ser arrancados. Por causa de sua precisão, as linhas espectrais são usadas para investigar muitos aspectos fundamentais da física de gases. As linhas se ampliam mais em gases quentes pelo movimento dos átomos, o que se torna uma medida de temperatura. As intensidades relativas de diferentes linhas podem revelar ainda mais coisas, como quão ionizado está o gás.

Desvio para o vermelho

Como os comprimentos de onda de linhas espectrais são conhecidos com precisão, eles são úteis para medir velocidades e distâncias em astronomia. Da mesma forma que uma sirene de ambulância soa mais aguda e depois mais grave após ela ter passado por nós – conhecida como efeito Doppler – ondas de luz de uma estrela ou uma galáxia que se afastam de nós parecem ter sido esticadas. As linhas espectrais chegam em comprimentos de onda ligeiramente maiores, e a diferença é conhecida como desvio para o vermelho. Linhas espectrais de objetos se movendo em nossa direção parecem ter comprimentos de onda ligeiramente menores, com o desvio para o azul. Na escala do cosmo, o fato de que a maior parte das galáxias sofre desvio para o vermelho e não para o azul prova que elas estão se afastando de nós – o Universo está se expandindo.

Mas uma inspeção mais detalhada deixa tudo mais complicado – a aparição de estruturas mais finas nas linhas espectrais nos diz mais sobre a natureza dos elétrons e tem sido instrumental em esquadrinhar as propriedades dos átomos na escala quântica.

A ideia condensada: Código de barras feito de luz

11 Efeito Zeeman

Quando linhas espectrais são examinadas de perto, elas se dividem em estruturas mais finas. Experimentos nos anos 1920 mostraram que isso se deve a uma propriedade intrínseca dos elétrons chamada de *spin* quântico. Elétrons se comportam como bolas carregadas em rotação e interações com campos elétricos e magnéticos alteram seus níveis de energia de maneira sutil.

Quando o hidrogênio quente brilha, emite uma série de linhas espectrais. Elas surgem quando os elétrons realizam saltos quânticos, pulando de um nível de energia maior para um menor, à medida que resfriam. Cada linha do espectro do hidrogênio corresponde a um salto em particular, quando a energia entre os níveis dos elétrons é convertida em luz da frequência correspondente.

Quando o elétron cai do segundo nível para o primeiro, ele emite luz com um comprimento de onda de 121 nanômetros (bilionésimo de metro), que fica na parte ultravioleta do espectro. Um elétron pulando do terceiro nível para o primeiro emite luz de maior energia, com um comprimento de onda menor, de 103 nm. A partir do quarto, são 97 nm. Como as camadas de elétrons ficam mais próximas entre si à medida que aumentam de energia, as lacunas de energia entre eles diminuem. As linhas de queda para determinada camada, então, tendem a se acumular na direção da ponta azul do espectro.

O conjunto de linhas espectrais que resulta dos elétrons caindo para um nível em particular é chamada "série". Para o hidrogênio, o átomo mais simples e o elemento mais comum no Universo, as primárias são batizadas em homenagem a cientistas. A série de transições para a primeira camada é conhecida como série de Lyman, levando o nome de Theodore Lyman, que as descobriu entre 1906 e 1914. A primeira linha espectral (do nível 2 para o nível 1) é batizada de Lyman-alfa, a segunda (do 3 ao 1) é a Lyman-beta, e assim por diante.

linha do tempo

1896
Zeeman observa o efeito Zeeman

1908
Hale observa o efeito Zeeman em manchas solares

1913
Johannes Stark descobre o efeito Stark

Magnetismo de manchas solares

Em 1908, o astrônomo George Ellery Hale observou o efeito Zeeman na luz de manchas solares, regiões escuras na superfície do Sol. O efeito desaparecia para a luz de áreas mais brilhantes, implicando que as manchas solares tinham imensos campos magnéticos. Ao medir as separações das linhas espectrais repartidas, ele conseguiu deduzir a força desses campos. Ele prosseguiu mostrando que há simetrias na polaridade magnética de manchas solares que se comportavam de modo oposto, dependo de qual lado do equador solar elas estavam, por exemplo.

O conjunto de saltos para o segundo nível é conhecido como série de Balmer, pois foi prevista por Johann Balmer, em 1885. Muitas dessas linhas ficam em partes visíveis do espectro. O conjunto de saltos para o terceiro nível de energia é a série de Paschen, pois foi observada por Friedrich Paschen em 1908. Ela fica no infravermelho.

Análises adicionais mostraram que essas linhas espectrais não eram puras, mas tinham estruturas finas. Vista em resolução realmente alta, uma linha do hidrogênio se revelava como duas linhas próximas, não uma. Os níveis de energia dos elétrons que geram essas linhas estavam sendo divididos em múltiplos.

Balas de prata Em um famoso experimento em 1922, Otto Stern e Walther Gerlach dispararam um feixe de átomos de prata de um forno quente ao longo de um campo magnético. O feixe se dividia em dois, criando duas marcas em uma chapa fotográfica. Stern e Gerlach escolheram átomos de prata porque, além de poder ser detectada por emulsão fotográfica, eles possuem um único elétron externo. O objetivo de seu experimento era observar as propriedades magnéticas dos elétrons.

> **“Um elétron não é mais (nem menos) hipotético do que uma estrela.”**
>
> **Arthur Stanley Eddington, 1932**

Quando os elétrons da prata passam pelo campo, eles se comportam como pequenas barras de ímã e experimentam uma força proporcional ao gradiente do campo magnético externo. Stern e Gerlach esperavam

1922
O experimento Stern-Gerlach mostra o magnetismo quantizado de elétrons

1925
Goudsmit e Uhlenbeck propõem que elétrons são bolas de carga em rotação

> **“Houve um tempo em que gostaríamos de saber o que o elétron é. Essa questão nunca foi respondida. Não existem concepções familiares que possam ser combinadas a um elétron; ele está na lista de espera.”**
>
> **Arthur Stanley Eddington, 1928**

que essas forças se orientassem de maneira aleatória – produzindo uma única mancha na sua chapa de detecção. O raio, porém, dividiu-se em dois, criando dois pontos. Isso significava que os “ímãs” elétrons tinham apenas duas orientações possíveis. Isso era bem estranho.

***Spin* eletrônico** Mas como um elétron ganha algum magnetismo? Em 1925, Samuel Goudsmit e George Uhlenbeck propuseram que o elétron age como uma bola em rotação eletricamente carregada – uma propriedade chamada de *spin* quântico. Pelas regras do eletromagnetismo, cargas em movimento geram um campo magnético. O feixe no experimento Stern-Gerlach se dividia em dois porque os elétrons têm duas direções para girar – descritas como para cima e para baixo.

Essas duas orientações também explicavam a estreita divisão das linhas espectrais – existe uma pequena diferença de energia entre um elétron com *spin* na mesma direção de sua órbita e outro na direção oposta.

O *spin* quântico não é, na realidade, um movimento de rotação, mas uma propriedade intrínseca das partículas. Para descrever se o *spin* está para cima ou para baixo, físicos dão aos elétrons e a outras partículas um número de *spin* quântico, que é definido como um valor de ½ positivo ou negativo nos elétrons.

Muitas interações diferentes podem surgir do *spin* de elétrons e de outros fenômenos eletromagnéticos e de carga –

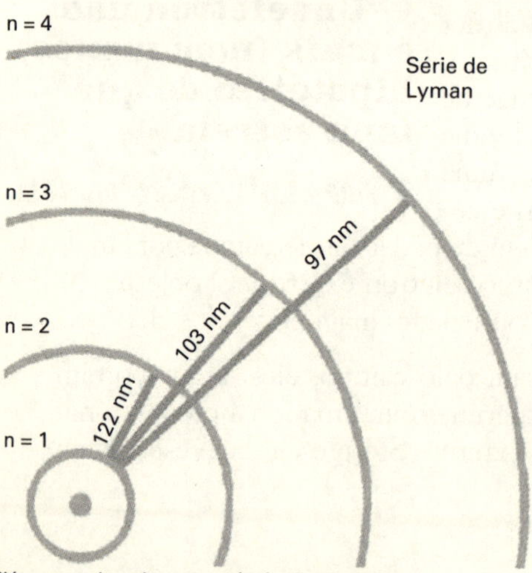

Elétrons saltando entre níveis de energia em um átomo de hidrogênio emitem luz com comprimentos de onda específicos. O conjunto de linhas que resulta dos saltos para um nível em particular é chamado de série.

PIETER ZEEMAN (1865-1943)

Nascido em uma pequena cidade na Holanda, Pieter Zeeman teve seu interesse por física despertado quando era aluno do Ensino Médio e testemunhou uma aurora boreal, em 1883. O desenho e a descrição que o estudante fez da aurora foram elogiados e publicados na revista científica internacional *Nature*. Zeeman estudou física na Universidade de Leiden sob orientação de Kamerlingh Onnes, descobridor da supercondutividade, e Hendrik Lorentz, que trabalhou com relatividade geral e eletromagnetismo. A tese de doutorado de Zeeman foi sobre magnetismo em buracos negros. Em 1896, ele foi demitido por causa de um experimento não autorizado: a descoberta da repartição de linhas espectrais por um campo magnético intenso, hoje conhecida como efeito Zeeman. Mas ele riu por último: em 1902, ganhou o prêmio Nobel.

da carga do elétron em si e da carga do núcleo até a dos campos externos. Linhas espectrais, então, se dividem de muitas maneiras complexas.

A divisão de linhas espectrais que surgem de elétrons dentro de campos magnéticos é conhecida com efeito Zeeman, em memória do físico holandês Pieter Zeeman. Ele é visto na luz de manchas solares, por exemplo. Uma linha que se divide em função de um campo elétrico é conhecida como efeito Stark, em homenagem a Johannes Stark.

O impacto do experimento de Stern e Gerlach foi enorme – foi a primeira vez que as propriedades quânticas de uma partícula se revelaram em laboratório. Cientistas rapidamente prosseguiram com mais testes, mostrando, por exemplo que o núcleo de alguns átomos tem momento angular quantizado – que também interage com o *spin* para criar divisões de linhas "superfinas". Viram que é possível trocar o *spin* dos elétrons de um estado para o outro usando campos variáveis. Essa descoberta está na raiz das máquinas de imagem por ressonância magnética encontradas hoje em hospitais.

A ideia condensada: Elétrons em rotação

12 Pauli e o princípio da exclusão

Dois elétrons nunca são o mesmo. O princípio de Pauli afirma que cada um deve ter um conjunto único de propriedades quânticas de modo que se possa diferenciá-los. Isso acabou por explicar por que átomos têm certos números de elétrons em camadas, a estrutura da tabela periódica e por que a matéria é sólida, ainda que seja majoritariamente espaço vazio.

No modelo do átomo de Niels Bohr, de 1913, o orbital de energia mais baixa do hidrogênio, acomoda apenas dois elétrons, o próximo oito e assim em diante. Essa geometria está incorporada à estrutura em blocos da tabela periódica. Mas por que o número de elétrons por camada é limitado e por que os elétrons sabem em qual nível de energia ficar?

Wolfgang Pauli buscou uma explicação. Ele vinha trabalhando com o efeito Zeeman – a repartição de linhas espectrais que resulta quando o magnetismo muda os níveis de energia de elétrons em rotação nos átomos – e viu similaridades no espectro de metais alcalinos, que possuem um elétron na superfície e gases nobres com camadas lotadas. Parecia haver um número fixo de estados nos quais os elétrons poderiam estar.

Isso poderia ser explicado se cada elétron tivesse um estado descrito por quatro números quânticos – energia, momento angular, magnetismo intrínseco e *spin*. Em outras palavras, cada elétron tem um endereço único.

A regra de Pauli – conhecida como princípio da exclusão de Pauli – criada em 1925, afirma que dois elétrons em um átomo jamais podem ter os mesmos quatro números quânticos. Nenhum elétron pode estar no mesmo lugar e tendo as mesmas propriedades que outro ao mesmo tempo.

linha do tempo

1913	1925	1933
Bohr propõe seu modelo do átomo em camadas	Pauli propõe o princípio da exclusão	O nêutron é descoberto e estrelas de nêutrons são previstas

WOLFGANG PAULI (1900-1958)

Quando era um estudante precoce em Viena, Wolfgang Pauli escondia estudos de Einstein sobre a relatividade especial em sua carteira e os lia escondido. Poucos meses após sua chegada à Universidade de Munique, Pauli publicou seu primeiro estudo sobre relatividade. Depois, dedicou-se à mecânica quântica.

Werner Heisenberg descreveu Pauli como um típico "corujão", que passava as noites em cafés e raramente comparecia às aulas matinais. Após sua mãe se suicidar e seu primeiro casamento fracassar, Pauli desenvolveu alcoolismo. Buscando ajuda do psicólogo suíço Carl Jung, Pauli lhe enviou descrições de milhares de seus sonhos, alguns mais tarde publicados por Jung. Com a Segunda Guerra Mundial, Pauli se mudou para os Estados Unidos, onde viveu por vários anos, durante os quais trabalhou duro para manter a ciência europeia em movimento.

Ele retornou para Zurique, recebendo o prêmio Nobel em 1945.

Organização dos elétrons Seguindo na tabela periódica para elementos cada vez mais pesados, o número de elétrons dos átomos aumenta. Os elétrons não podem obter todos o mesmo assento e eles preenchem, então, camadas cada vez mais altas. São como assentos em um cinema sendo preenchidos dos próximos à tela até os mais distantes.

Dois elétrons podem, ambos, habitar a energia mais baixa de um átomo, mas só se seus *spins* estiverem desalinhados. No hélio, seus dois elétrons podem ambos ficar na camada mais baixa com *spins* opostos. No lítio, o terceiro é chutado para próxima camada.

A regra de Pauli se aplica a todos os elétrons e a algumas outras partículas cujos *spins* aparecem em múltiplos de meia unidade básica, incluindo o próton e o nêutron. Essas partículas são chamadas "férmions", em homenagem ao físico italiano Enrico Fermi.

Elétrons, prótons e nêutrons são todos férmions, então o princípio de exclusão de Pauli se aplica aos blocos constituintes do átomo que compõem a matéria. O fato de dois férmions não poderem sentar no mesmo assento é o que dá à matéria sua rigidez. A maioria do interior dos átomos consiste em espaço vazio, mas não podemos espremê-los como uma esponja ou empurrá-los um para dentro do outro como um

1967
O primeiro pulsar, um tipo de estrela de nêutrons, é descoberto

1995
Bósons são observados agindo em coordenação quântica

Bósons

Nem toda partícula é um férmion – algumas têm *spin* de valor inteiro. Elas são chamadas bósons, em homenagem ao físico indiano Satyendranath Bose, que as estudou. Fótons são bósons, bem como as partículas que transmitem às outras forças fundamentais. Alguns núcleos simétricos podem agir como bósons, incluindo o hélio, que é feito de dois prótons e dois nêutrons. Imunes ao princípio de Fermi, vários bósons podem adquirir as mesmas propriedades quânticas ao mesmo tempo. Milhares de bósons podem agir de modo quântico conjuntamente, um fenômeno que é central a estranhos comportamentos quânticos macroscópicos, como os superfluídos e a supercondutividade.

queijo em um ralador. Pauli respondeu a uma das questões mais profundas da física.

As vidas das estrelas O princípio da exclusão de Pauli tem implicações em astrofísica. Estrelas de nêutrons e anãs brancas devem a ele sua existência. Quando estrelas maiores que nosso Sol envelhecem, seus motores de fusão nuclear falham. Eles param de converter elementos do hidrogênio até o ferro e se tornam instáveis. Quando o centro colapsa, a estrela implode. Suas camadas, similares às de uma cebola, caem para dentro, com parte do gás sendo expulso em uma explosão supernova.

Quando o gás colapsa, a gravidade o puxa ainda mais para dentro. Seus restos se contraem, esmagando os átomos uns contra os outros. Mas os elétrons rígidos em torno do átomo resistem – o princípio de Fermi sustenta a estrela moribunda apenas com sua "pressão da degeneração". Tal estrela é conhecida como anã branca e contém uma massa similar à do Sol, mas compactada num volume igual ao da Terra. Um cubo de açúcar de uma anã branca pesaria uma tonelada.

Para estrelas maiores que o Sol – com massa ao menos 1,4 vez maior, proporção conhecida como limite de massa de Chandrasekhar – a pressão é tão grande que no final até os elétrons sucumbem. Eles se fundem com prótons para formar nêutrons. Uma "estrela de nêutrons", então, resulta de quando os elétrons desaparecem.

Nêutrons também são férmions, então eles também se escoram uns aos outros – eles não podem todos adotar o mesmo estado quântico. A estrela remanescente ainda permanece intacta, mas seu tamanho se reduz a um raio de cerca de apenas dez quilômetros. É como comprimir a massa do Sol até uma área do tamanho do comprimento de

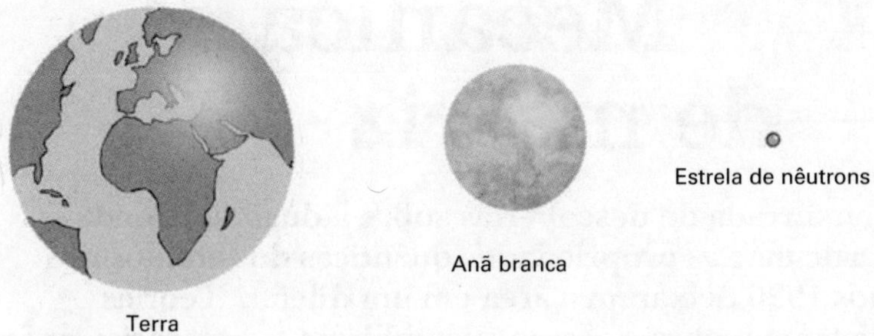

Manhattan. Um cubo de açúcar feito da matéria densa de estrelas de nêutrons pesaria mais de 100 milhões de toneladas. A comparação não precisa terminar aí – estrelas realmente maciças acabam se tornando buracos negros.

O princípio de exclusão de Pauli ajuda a sustentar muitas coisas no Universo, desde as partículas mais básicas até estrelas distantes.

A ideia condensada: Não há dois férmions iguais

13 Mecânica de matriz

A enxurrada de descobertas sobre a dualidade onda-partícula e as propriedades quânticas dos átomos nos anos 1920 deixaram a área em um dilema. Teorias existentes sobre o átomo sucumbiram – era preciso criar novas. A primeira veio com o físico alemão Werner Heisenberg, que deixou de lado os preconceitos sobre órbitas dos elétrons e inseriu todas as variáveis observadas em um conjunto de equações baseadas em matrizes.

Em 1920, o físico dinamarquês Niels Bohr inaugurou um instituto na Universidade de Copenhague. Cientistas do mundo todo foram trabalhar com ele na teoria atômica que estava desbravando. O modelo de Bohr das órbitas dos elétrons explicava o espectro do hidrogênio e algumas propriedades da tabela periódica. Mas as propriedades detalhadas das linhas espectrais de átomos maiores, até mesmo as do hélio, não se encaixavam na teoria.

Uma série de descobertas emergentes também estavam desafiando o modelo do átomo de Bohr. Evidências da dualidade onda-partícula estavam proliferando. Raios X e elétrons mostraram ser capazes de entrar em difração e quicar uns nos outros, provando a hipótese de Louis-Victor de Broglie de que a matéria poderia se comportar como ondas e ondas como partículas. A ideia de Einstein do fóton como natureza da luz ainda não tinha sido aceita, entretanto.

A maioria dos físicos, incluindo Bohr e Max Planck, imaginavam regras e números quânticos como algo que emergia das regularidades nas estruturas básicas dos átomos. No rastro da devastação da Primeira Guerra Mundial, estava claro ser preciso criar um novo tipo de compreensão da quantização da energia.

linha do tempo

1897	1905	1913	1924
J. J. Thomson descobre o elétron	Einstein propõe a ideia do fóton	Bohr descreve as órbitas dos elétrons em torno do núcleo	De Broglie propõe que partículas podem se comportar como ondas

MAX BORN (1882-1970)

Criado onde hoje fica Wroclaw, na Polônia (a então província prussiana da Silésia), Max Born estudou matemática também em Heidelberg e Zurique antes de chegar à Universidade de Göttingen, em 1904. Estudante reconhecidamente excepcional, foi orientando de muitos matemáticos famosos e ficou amigo de Einstein.

Em 1925, Born e Werner Heisenberg, juntos do assistente de Born, Pascual Jordan, formularam a representação da mecânica quântica por mecânica de matriz, um dos marcos da física. Mas o trio não recebeu o prêmio Nobel junto. Heisenberg ganhou em 1932 – sozinho. Born ganhou finalmente em 1954. Especulou-se que o envolvimento de Jordan com o partido nazista havia reduzido as chances de Born, mesmo sendo ele próprio judeu e tendo fugido para a Inglaterra em 1933. Born era, assim como Einstein, um militante pacifista antinuclear.

A partir de 1924, o físico alemão Werner Heisenberg fazia visitas rápidas periodicamente a Copenhague para estudar com Bohr. Enquanto buscava maneiras de calcular as linhas espectrais do hidrogênio, Heisenberg teve uma ideia. Como físicos não sabiam quase nada sobre o que realmente acontecia dentro dos átomos, tudo o que dava para fazer era trabalhar com o que podia ser observado. Ele voltou ao quadro negro e começou a elaborar um arcabouço intelectual que pudesse incorporar todas as variáveis quânticas.

Heisenberg tinha um problema sério de rinite alérgica e em junho de 1925 – com o rosto inchado – decidiu sair de Göttingen, sua cidade natal, e ir morar no litoral, onde havia menos pólen no ar. Ele viajou à pequena ilha de Helgoland na costa alemã do mar do Norte. Foi nessa estadia ali que ele teve sua epifania.

Eram quase três horas da madrugada, Heisenberg escreveu depois, quando o resultado final de seus cálculos estavam na sua frente. Inicialmente alarmado com as implicações profundas de sua descoberta, ele ficou tão empolgado que não conseguiu dormir. Saiu de casa e esperou o sol nascer em cima de uma rocha.

1925
Heisenberg propõe sua mecânica de matriz

1926
Schrödinger propõe as equações de onda

1927
Surge a interpretação de Copenhague da mecânica quântica

Entra a matriz Qual foi a revelação de Heisenberg? Para prever a intensidade de várias linhas espectrais de um átomo, ele substituiu a ideia de Bohr de órbitas fixas dos elétrons por uma descrição matemática delas como harmônicos de ondas estacionárias. Ele conseguiu ligar suas propriedades às de saltos quânticos em energia, usando uma série de equações equivalente a séries de multiplicações.

> **"Precisamos esclarecer que, quando se trata de átomos, a linguagem só pode ser usada como o é na poesia."**
>
> Niels Bohr, 1920 (segundo Heisenberg)

Heisenberg voltou a seu departamento universitário em Göttingen e mostrou seus cálculos a um colega, Max Born. Heisenberg não estava de todo confiante, Born lembrou depois, e se referia aos estudos na praia como malucos, vagos e impublicáveis. Mas Born rapidamente viu seu valor.

Born, que tinha estudado matemática exaustivamente, viu que a ideia de Heisenberg poderia ser escrita de forma resumida – como uma matriz. Matrizes são comuns em matemática, mas tinham pouco uso na física. Uma matriz é uma tabela de valores na qual uma função matemática pode ser aplicada a todas as entradas sequencialmente. Notação de matriz poderia encapsular a série de regras de multiplicação de Heisenberg em uma equação. Com seu ex-aluno Pascual Jordan, Born condensou as equações de Heisenberg em um formato de matriz. Os valores na tabela ligavam energias dos elétrons a linhas do espectro. Born e Jordan rapidamente escreveram um artigo e publicaram seu trabalho; um terceiro estudo escrito pelos três físicos saiu logo depois.

O conceito de Heisenberg era novo porque obviamente não era baseado na imagem de órbitas de elétrons. E a notação concisa de Born e Jordan permitiu criar uma matemática específica para ele. Eles podiam agora levar a teoria além das preconcepções sobre o que os átomos eram e fazer novas previsões.

Mas a "mecânica de matriz" demorou a ganhar impulso e se tornou muito controversa. Não apenas ela estava em uma linguagem matemática estranha com a qual físicos não tinham familiaridade, mas também havia barreiras políticas a serem rompidas com cientistas que trabalhavam na área. Bohr gostou da teoria – ele a relacionou bem com suas ideias sobre saltos quânticos discretos. Mas Einstein não a favoreceu.

Einstein estava tentando explicar a dualidade onda-partícula. Aceitando a ideia original de Louis-Victor de Broglie, de que órbitas dos elétrons só podem ser descritas ao usar equações de ondas estacionárias, Einstein e seus seguidores ainda tinham esperança de que propriedades quânticas poderiam ser no final descritas por uma teoria ondulatória estendida. Mas os seguidores de Bohr foram em direção diferente. O campo se dividiu em dois.

"Todas as qualidades do átomo da física moderna são derivadas. Ele não possui nenhuma propriedade física direta ou imediata."

Werner Heisenberg, 1952

Aqueles que adotaram a mecânica de matriz avançaram mais em explicar fenômenos quânticos. Wolfgang Pauli conseguiu explicar o efeito Stark – a repartição de linhas espectrais por um campo elétrico – mesmo não tendo conseguido explicar seu próprio princípio da exclusão. Mas a teoria não lidava facilmente com o efeito Zeeman e o *spin* dos elétrons, e não era compatível com a relatividade.

Princípio da incerteza O panorama de matrizes também levantou implicações mais profundas. Como ele enfocou apenas níveis de energia e intensidades das linhas, a teoria, por definição, não dizia nada sobre onde um elétron estaria e como ele se movimentava em determinado instante. E perduravam as questões sobre o que eram os números nas matrizes e o que eles significavam na vida real. A mecânica de matriz parecia muito abstrata.

Como os resultados de uma observação – as energias dos elétrons e as linhas espectrais – precisam ser reais, quaisquer truques inteligentes usados para manipular a matemática, tudo o que fosse irreal, precisaria se cancelar em algum momento. No final das contas, a mecânica de matriz não podia explicar algumas qualidades dos átomos simultaneamente. Isso culminou finalmente no "princípio da incerteza" de Heisenberg.

Mas antes que esses problemas pudessem ser resolvidos, a mecânica de matriz foi superada por uma nova teoria. O cientista austríaco Erwin Schrödinger propôs uma explicação concorrente para as energias dos elétrons que era baseada em equações de ondas.

A ideia condensada: Tabelas quânticas

14 Equações de onda de Schrödinger

Em 1926, Erwin Schrödinger conseguiu descrever as energias dos elétrons em átomos ao tratá-los não como partículas, mas como ondas. Sua equação calcula a "função de onda" que descreve a probabilidade de um elétron estar em algum lugar em dado momento. É uma das fundações da mecânica quântica.

No início do século XX estava claro que os conceitos de partículas e ondas estavam muito entranhados. Albert Einstein mostrou em 1905 que ondas de luz também poderiam aparecer como torrentes de fótons como rajadas de balas, cujas energias cresciam com a frequência da luz. Louis-Victor de Broglie propôs, em 1924, que toda matéria também era assim – elétrons, átomos e quaisquer objetos feitos deles têm o potencial de entrar em difração e interferência, assim como ondas.

Na teoria do átomo de Niels Bohr, de 1913, elétrons viviam em órbitas fixas em torno do núcleo. Elétrons tomam a forma de ondas estáticas – como uma corda de violão ao ressonar. Em um átomo, energias dos elétrons são limitadas a certos harmônicos. Um número inteiro de comprimentos de onda do elétron precisa caber na circunferência de uma órbita do elétron.

Mas como os elétrons se movem? Se eles são como ondas, eles se espalhariam então ao longo de toda a órbita, presumivelmente. Se eles são partículas compactas, talvez possam trafegar em trajetórias circulares, como planetas em torno do Sol. Como essas órbitas se arranjam? Planetas ocupam todos um mesmo plano. Átomos têm três dimensões.

O físico austríaco Erwin Schrödinger decidiu descrever o elétron matematicamente como uma onda tridimensional. Custando a progredir,

linha do tempo

1901
Planck propõe o conceito dos *quanta* de energia

1905
Einstein propõe o fóton

1913
Bohr descreve as órbitas dos elétrons

Órbitas dos elétrons

A equação de Schrödinger levou a modelos tridimensionais mais sofisticados de orbitais de elétrons nos átomos. Eles são contornos de probabilidade, delineando regiões onde os elétrons têm de 80% a 90% de probabilidade de se localizarem – considerando que há uma pequena probabilidade de que eles possam estar virtualmente em qualquer outro lugar. Esses contornos surgiram como formas não esféricas, como as imaginadas por Bohr. Alguns são formas mais alongadas, como sinos ou roscas. Químicos usam esse conhecimento hoje para manipular moléculas.

em dezembro de 1925 ele viajou para um chalé isolado nas montanhas ao lado de uma amante. Seu casamento era notoriamente complicado e ele matinha muitas parceiras, com o conhecimento de sua esposa.

Avanço Schrödinger não era um homem convencional – sempre desarrumado e conhecido por andar sempre de botas e mochila. Um colega lembra como ele era confundido com um mendigo quando comparecia a congressos.

No chalé, o humor Schrödinger melhorou. Ele percebeu que havia progredido muito com seus cálculos. Ele pode publicar o que já estava feito e então permanecer trabalhando nos aspectos mais difíceis – como incorporar a relatividade e a dependência do tempo – depois.

O artigo de 1926 que resultou daí apresenta uma equação que descreve a chance de uma partícula se comportar como onda em certo lugar, usando física ondulatória e probabilidade. Hoje ele é um marco da mecânica quântica.

Matemática da chance A equação de Schrödinger previu corretamente os comprimentos de onda das linhas espectrais do hidrogênio. Um mês depois ele submeteu um segundo estudo, aplicando sua teoria a sistemas atômicos básicos, como a molécula diatômica. Em um terceiro estudo, ele apontou que essa equação de onda era exatamente equivalente à mecânica de matriz de Heisenberg e podia explicar os mesmos fenômenos. Em um quarto artigo ele incorporou a depen-

1924
De Broglie sugere que a matéria pode se comportar como ondas

1925
Heisenberg publica sua mecânica de matriz

1926
Schrödinger publica sua equação de onda

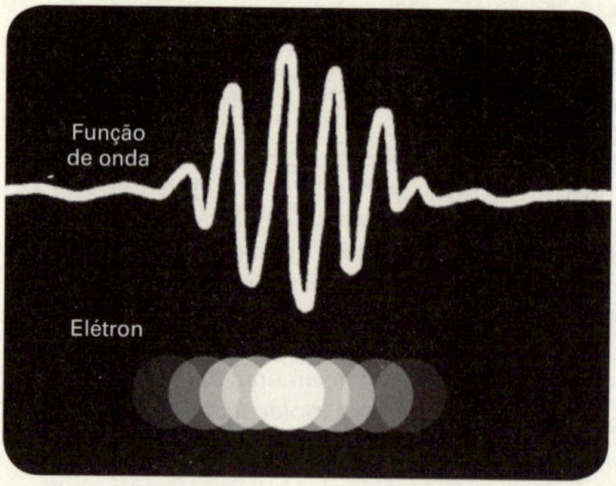

Funções de onda descrevem a probabilidade da localização de um elétron. Quanto maior for a amplitude da função de onda, maior a chance de um elétron estar naquele lugar.

dência do tempo, mostrando como uma função de onda evoluiria.

Como a explicação de Schrödinger era simples para físicos familiarizados com teoria ondulatória clássica, a equação foi rapidamente aclamada como revolucionária e imediatamente suplantou a mecânica de matriz de Heisenberg no quesito popularidade. A teoria de matrizes tinha menos adeptos, por se expressar em um tipo de matemática abstrata e não familiar.

Einstein, que adotou a abordagem de onda, deleitou-se com o avanço de Schrödinger. Bohr teve interesse, mas ainda se manteve com a mecânica de matriz, que descrevia melhor seus saltos quânticos deslocados. A teoria quântica estava se desenvolvendo rapidamente, mas havia sofrido um abalo. Estaríamos nós realmente descobrindo algo sobre o mundo real?

Funções de onda Schrödinger expressava a probabilidade de uma partícula estar em determinado lugar em dado tempo em termos de uma "função de onda", que incluía toda a informação que saberíamos sobre aquela partícula.

Funções de onda são difíceis de captar, porque não as testemunhamos em nossa vivência pessoal e não é fácil visualizá-las e interpretá-las. Assim como com a mecânica de matriz, ainda havia um oceano entre a descrição matemática de uma onda-partícula e a entidade real, um elétron ou um fóton, por exemplo.

"Deus rege a eletromagnética por teoria ondulatória às segundas, quartas e sextas, e o Diabo a rege por teoria quântica às terças, quintas e sábados."

Lawrence Bragg, citado em 1978

Na física convencional, usamos as leis de Newton para reescrever o movimento de uma partícula. Em cada dado instante, podemos dizer exatamente onde ela está e em qual direção está se movendo. Na mecânica quântica, porém, só podemos falar sobre a probabilidade de uma partícula estar num lugar em certo momento.

“A mecânica quântica certamente se impõe. Mas uma voz interior me diz que ela ainda não é o real. A teoria diz muita coisa, mas não nos deixa mais perto dos segredos Dele. Eu, em qualquer sentido, estou convencido de que Ele não joga dados.”

Albert Einstein, em carta Max Born, 4 de dezembro de 1926

Com o que uma função de onda se pareceria? Na equação de Schrödinger, uma partícula solitária que flutua no espaço livre tem uma função de onda que parece uma onda senoidal. A função de onda é zero em lugares onde a existência da partícula pode ser descartada, como além dos limites de um átomo.

A amplitude da função de onda pode ser determinada ao considerarmos os níveis de energia permitidos – os *quanta* de energia – da partícula, que são sempre maiores que zero. De modo análogo, apenas certos harmônicos são possíveis para uma onda com um comprimento de corda fixo. Como apenas um conjunto limitado de níveis de energia são permitidos pela teoria quântica, é mais provável que a partícula esteja em alguns lugares do que em outros.

Sistemas mais complicados têm funções de onda que são uma combinação de muitas ondas senoidais com outras funções matemáticas, como um tom musical feito de muitos harmônicos.

Ao trazer a ideia da dualidade onda-partícula para os átomos e todas as formas de matéria, Schrödinger ganhou seu lugar como um dos pais da mecânica quântica.

A ideia condensada: Harmonias no átomo

15 Princípio da incerteza de Heisenberg

Em 1927, Werner Heisenberg se deu conta de que algumas propriedades do mundo atômico eram inerentemente incertas. Se você sabe a posição de uma partícula, então não pode saber simultaneamente seu momento linear. Se você sabe em que momento uma partícula fez algo, não pode determinar sua energia exata.

Em 1926, Werner Heisenberg e Erwin Schrödinger começaram um intenso debate. Com um ano de intervalo, os dois haviam apresentado modos radicalmente diferentes de expressar a quantização do estado de energia dos elétrons em átomos, com implicações vastamente diferentes.

Heisenberg havia proposto sua "mecânica de matriz", uma descrição matemática das ligações entre os estados de energia dos elétrons e as linhas espectrais que esses elétrons produziam quando realizavam saltos quânticos entre níveis de energia. Foi uma façanha técnica, mas físicos estavam hesitantes em adotá-la. Eles não conseguiam conceber o que as equações – embutidas em uma notação de matriz pouco usual – realmente significavam.

Impulsionada pelo apoio de Albert Einstein, a alternativa de Schrödinger era muito mais palatável. A mecânica ondulatória, que descrevia as energias de elétrons em termos de ondas estacionárias ou harmônicos, envolvia conceitos familiares. Ela se encaixou bem na sugestão de Louis de Broglie de que a matéria pode se comportar como onda, o que foi confirmado por experimentos mostrando que elétrons podem sofrer difração e interferência.

Em maio de 1926, Schrödinger publicou um estudo provando que as mecânicas de ondas e matriz produziam resultados similares – elas eram

linha do tempo

1901 Planck propõe o conceito dos *quanta* de energia

1905 Einstein propõe o fóton

1913 Bohr descreve as órbitas dos elétrons

1924 De Broglie sugere que a matéria pode se comportar como ondas

matematicamente equivalentes. Ele argumentou que sua teoria de ondas era melhor que a descrição de matriz, o que irritou Heisenberg. Uma das razões da preferência de Schrödinger era que as descontinuidades e saltos quânticos intrínsecos à teoria de matriz não pareciam naturais. Ondas contínuas eram muito mais agradáveis. Heisenberg e Bohr achavam que esses mesmos saltos eram justamente o ponto forte do modelo.

> **“Quanto maior a precisão da posição determinada, menos preciso é o momento linear naquele instante, e vice-versa.”**
> **Werner Heisenberg, 1927**

Heisenberg era pouco afável. Ele era um jovem num ponto crítico da carreira, tentando ativamente um cargo de professor em uma universidade alemã, e não ficou feliz ao ver sua grande realização ser ofuscada.

Acertando as contas quânticas Em outubro de 1926, Schrödinger foi a Copenhague para visitar Niels Bohr. Heisenberg também estava lá, trabalhando com Bohr. Os físicos discutiram cara a cara sobre a veracidade de suas ideias, mas não conseguiram progredir. A partir de então, começaram a considerar as interpretações físicas de suas equações. Logo depois, Pascual Jordan, o colega de Heisenberg em Göttingen, e Paul Dirac, em Cambridge, combinaram equações das duas abordagens em um conjunto de equações – a base daquilo que hoje se chama mecânica quântica.

Físicos começaram tentar explicar o que essas equações significavam na realidade. Como as medidas “clássicas” feitas em laboratório estariam conectadas àquilo que ocorria na escala de um átomo.

Incerteza, a única certeza Enquanto estudava essas equações, Heisenberg encontrou um problema fundamental. Ele percebeu que era impossível medir algumas propriedades de forma precisa porque o aparato usado iria interferir nos átomos que estavam sendo medidos.

A posição de uma partícula e seu momento linear não poderiam ser inferidos de uma só vez; sua energia também não poderia ser conhecida em um instante preciso. A razão não era a falta de habilidade do experimentalista. Essas incertezas residem no coração da mecânica quântica. Heisenberg apresentou seu “princípio da incerteza” inicial-

1925
Heisenberg publica sua mecânica de matriz

1926
Schrödinger publica sua equação de onda

1927
Heisenberg publica seu princípio da incerteza

mente em uma carta a Wolfgang Pauli em fevereiro de 1927 e mais tarde em um artigo formal.

Qualquer medição possui alguma incerteza associada. Você pode medir a altura de uma criança como sendo de 1,20 metro, entretanto seu resultado será tão exato quanto a precisão de sua fita métrica, digamos que seja de milímetros. Dessa forma, é muito fácil errar por um centímetro se a fita não estiver esticada ou se seu olho não estiver bem alinhado com a cabeça da criança.

A incerteza de Heisenberg, porém, não é um erro de medida desse tipo. Sua alegação é profundamente diferente: não é possível saber o momento angular e a posição exatamente ao mesmo tempo, não importa quão preciso seja o instrumento usado. Se você determinar um dos dois, o outro se torna mais incerto.

Teste imaginário Heisenberg imaginou realizar um experimento para medir o movimento de uma partícula subatômica, como um nêutron. Um radar poderia rastrear a partícula, ao refletir ondas eletromagnéticas nela. Para uma precisão máxima, seria preciso usar raios gama, que têm comprimentos de onda muito curtos. Entretanto, por causa da dualidade onda-partícula, o raio gama que incide sobre o nêutron atuaria como uma rajada de fótons-bala. Os raios gama possuem frequências muito altas, então cada fóton carregaria um bocado de energia. Quando um fóton poderoso atingisse o nêutron, ele lhe daria um grande impulso que alteraria sua velocidade. Então, mesmo que você saiba a posição do nêutron naquele instante, sua velocidade teria mudado imprevisivelmente.

Se usássemos fótons de baixas energias para minimizar a mudança de velocidade, seus comprimentos de onda são longos, então a precisão com que seria possível medir suas posições seria degradada. Não importa o quanto se otimiza o experimento, é impossível descobrir tanto a posição quanto a velocidade de uma partícula. Existe um limite fundamental sobre o que pode ser conhecido em um sistema atômico.

Heisenberg logo percebeu que as implicações de seu princípio da incerteza eram profundas. Imagine uma partícula em movimento. Em razão dos limites fundamentais sobre o que é possível conhecer sobre ela, não é possível descrever o comportamento passado da partícula até que uma medida o determine. Nas palavras de Heisenberg, "o caminho só passa a existir quando o observamos". O trajeto futuro da partícula também não pode ser previsto, já que você não sabe sua velocidade e sua posição. Tanto o passado quanto o futuro se tornam embaçados.

Newton superado Um mundo tão imprevisível assim colidiu com a interpretação dos físicos sobre a realidade. Em vez de um universo pre-

WERNER HEISENBERG (1901-1976)

Werner Heisenberg cresceu em Munique, Alemanha, e amava as montanhas. Quando adolescente, durante a Primeira Guerra Mundial, trabalhou em uma fazenda de leite, onde estudava matemática e jogava xadrez nas horas vagas. Na Universidade de Munique, estudou física teórica, completando o doutorado bastante cedo. Assumiu uma cadeira de professor em Leipzig com apenas 25 anos, e trabalhou em Munique, Göttingen e Copenhague, onde encontrou Niels Bohr e Albert Einstein. Em 1925, inventou a mecânica de matriz, recebendo o prêmio Nobel em 1932. Seu princípio da incerteza foi formulado em 1927.

Durante a Segunda Guerra Mundial, Heisenberg liderou o projeto alemão para armas nucleares, que não obteve sucesso em produzir uma bomba. Até hoje ninguém sabe se ele atrasou o projeto de propósito ou apenas carecia de recursos.

enchido com entidades concretas – que existem independentemente e cujos movimentos e propriedades poderiam ser verificados por experimentos – a mecânica quântica revelou uma massa fervilhante de probabilidades trazidas à tona apenas pela ação de um observador.

Não há causa e efeito, apenas probabilidade. Muitos físicos acham isso difícil de aceitar – Einstein nunca aceitou. Mas é isso que os experimentos e a matemática nos dizem. A física saltou do laboratório da experiência para o reino do abstrato.

A ideia condensada: Desconhecidos conhecidos

16 A interpretação de Copenhague

Em 1927, o físico dinamarquês Niels Bohr tentou explicar o sentido físico da mecânica quântica. Naquilo que ficou conhecido como interpretação de Copenhague, ele combinou o princípio da incerteza de Heisenberg à equação de onda de Schrödinger para explicar como a intervenção de um observador significa que há coisas que jamais poderemos saber.

A busca da compreensão do significado da mecânica quântica começou para valer em 1927. Físicos se dividiam em dois campos. Werner Heisenberg e seus colegas acreditavam que a natureza das partículas como ondas eletromagnéticas e matéria, descrita em sua representação de matriz, era soberana. Os seguidores de Erwin Schrödinger argumentava que a física de ondas é subjacente ao comportamento quântico.

Heisenberg também mostrou que nossa compreensão era fundamentalmente limitada em razão de seu princípio da incerteza. Ele acreditava que tanto o passado quanto o futuro eram insondáveis até que fossem fixados por observações, por causa da incerteza intrínseca de todos os parâmetros que descrevem o movimento de uma partícula subatômica.

Outro homem tentou agrupar tudo. Bohr, chefe do departamento de Heisenberg na Universidade de Copenhague, era o cientista que uma década antes havia explicado os estados de energia quânticos dos elétrons no átomo de hidrogênio. Quando Heisenberg chegou a seu "princípio da incerteza", em 1927, ele estava trabalhando em Copenhague no instituto de Bohr. Bohr aparentemente havia retornado de uma viagem para esquiar quando encontrou o esboço do artigo de Heisenberg em sua escrivaninha, junto de um pedido para encaminhá-lo a Albert Einstein.

> **"Ninguém que não tenha ficado chocado com a teoria quântica a entendeu realmente."**
>
> **Niels Bohr, 1958**

linha do tempo

1901 Planck propõe o conceito dos *quanta* de energia

1905 Einstein propõe o fóton

1913 Bohr descreve órbitas dos elétrons

1924 De Broglie sugere que a matéria pode se comportar como ondas

NIELS BOHR (1885-1962)

O instituto de Niels Bohr em Copenhague estava no coração do desenvolvimento da teoria quântica. Todos os melhores físicos, de Heisenberg a Einstein, faziam visitas regulares àquele lugar. Bohr criou o departamento após uma estadia na Inglaterra, quando terminou seu doutorado em física teórica pela Universidade de Copenhague.

Após se confrontar com J. J. Thomson, o descobridor do elétron, em Cambridge, e trabalhar com Ernest Rutherford, pioneiro da física nuclear, em Manchester, Bohr voltou à Dinamarca em 1916 para perseguir seu próprio conceito do átomo. Ele ganhou um prêmio Nobel pelo trabalho em 1922.

Enquanto Hitler chegava ao poder na Alemanha nos anos 1930, cientistas viajavam para o instituto de Bohr na capital dinamarquesa para debater as complexidades da teoria quântica. Em 1943, quando a Dinamarca foi ocupada, Bohr fugiu para a Suécia num barco pesqueiro e depois para a Inglaterra, onde se juntou ao esforço de guerra britânico. Bohr viajou para Los Alamos e foi consultor do Projeto Manhattan, apesar de depois se juntar à campanha contra armas nucleares.

Bohr ficou intrigado com a ideia, mas reclamou para Einstein que o teste imaginário de Heisenberg – envolvendo um microscópio de raios gama – tinha falhas, porque não considerava as propriedades de onda da matéria. Heisenberg adicionou uma correção que incluía a dispersão de ondas de luz e sua conclusão continuou firme. Incertezas são inerentes à mecânica quântica. Mas o que estava realmente acontecendo?

Moeda girando eternamente Na visão de Bohr, os aspectos de onda e partícula de uma entidade real são características "complementares". Eles são dois lados de uma mesma moeda, da mesma maneira que algumas ilusões de óptica aparentam ter duas figuras diferentes, um padrão preto e branco – um vaso ou duas faces se encarando, por exemplo.

O elétron, o próton ou o nêutron reais não são nem uma coisa nem outra, mas uma composição de ambas. Certa característica só aparece quando um experimentalista intervém e seleciona qual aspecto medir. A luz parece se comportar como um fóton ou como uma onda eletromagnética porque esse é o sinal que estamos procurando. Como o experimentalista perturba o sistema pristino, Bohr argumentou, há limites para o que po-

1925	1926	1927	1927
Heisenberg publica sua mecânica de matriz	Schrödinger publica sua equação de onda	Heisenberg publica seu princípio da incerteza	Bohr propõe a interpretação de Copenhague

demos saber sobre a natureza. O ato de observação gera as incertezas que Heisenberg enxergou. Essa linha de raciocínio ficou conhecida como a "interpretação de Copenhague" da mecânica quântica.

"Quando Bohr fala sobre tudo, de algum modo é diferente. Mesmo o mais obtuso tem um espasmo de brilho."

Isidor I. Rabi en Daniel J. Kevles, *The Physicists* (1978)

Bohr percebeu que o princípio da incerteza, segundo o qual não é possível medir tanto a posição quanto o momento linear de uma partícula subatômica ao mesmo tempo, é central. Uma vez que uma característica é medida com precisão, a outra se torna menos conhecida. Heisenberg acreditava que a incerteza surgia em razão da mecânica do processo de medição em si. Para medir a quantidade, precisamos interagir com ela, como fazendo fótons baterem em uma partícula para detectar seu movimento. Essa interação altera o sistema, Heisenberg percebeu, tornando o estado subsequente incerto.

Observador inseparável O entendimento de Bohr era bastante diferente: o observador é parte do sistema que está sendo medido, ele argumentou. Não faz sentido descrever o sistema sem incluir o aparelho de medida. Como podemos descrever o movimento de uma partícula considerando-a isolada se ela está sendo bombardeada de fótons para ser rastreada? Mesmo a palavra "observador" está errada, afirmou Bohr, porque ela sugere uma entidade externa. O ato de observação é como uma chave, que determina o estado final do sistema. Antes desse ponto, podemos apenas dizer que o sistema tinha uma chance de estar em algum estado possível.

O que acontece quando fazemos uma medição? Por que a luz que passa por duas fendas entra em interferência como ondas em um dia, mas muda para um comportamento similar ao de partículas no outro se tentamos capturar o fóton que passa em uma fenda? De acordo com Bohr, escolhemos antecipadamente qual será o resultado ao decidirmos como queremos medi-lo.

Princípio de correspondência

Para fechar a lacuna entre sistemas quânticos e normais, incluindo nossas experiências na escala humana, Bohr também introduziu o "princípio de correspondência", segundo o qual o comportamento quântico deve desaparecer de sistemas maiores com os quais estamos familiarizados, nos quais a física newtoniana é adequada.

O que podemos saber Aqui Bohr se inclinou sobre a equação de Schrödinger e seu conceito de "função de onda", contendo tudo o que podemos saber sobre uma partícula. Quando o caráter de um objeto é fixado – como partícula ou como onda, por exemplo – por um ato de observação, dizemos que a função de onda "colapsou". Todas as probabilidades, exceto uma, desaparecem. Resta apenas a consequência. Então, a função de onda de um raio de luz é uma mistura de possibilidades: o comportamento de onda ou de partícula. Quando detectamos a luz, a função de onda colapsa para deixar uma forma. A luz não faz isso para alterar seu comportamento, mas porque realmente consiste das duas coisas.

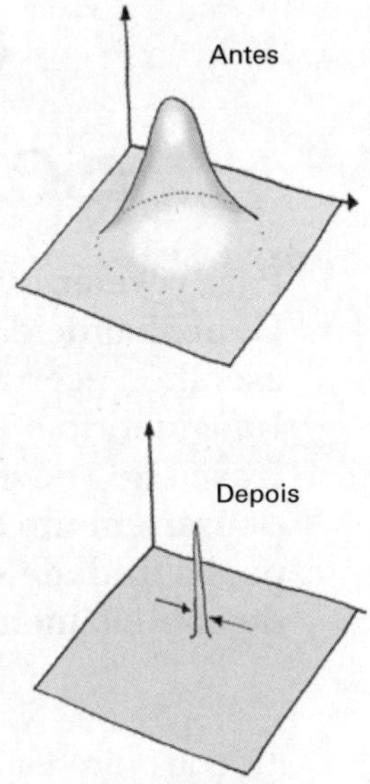

O ato de observação faz a forma de onda colapsar.

Heisenberg inicialmente rejeitou a imagem de Bohr. Ele se agarrou a seu panorama original de partículas e saltos de energia. Os dois cortaram relações. Heisenberg aparentemente teve um ataque de choro em certo ponto durante um argumento com Bohr. Muita coisa estava em jogo na carreira do jovem.

As coisas melhoraram depois, em 1927, quando Heisenberg conseguiu um emprego na Universidade de Leipzig. Bohr apresentou sua ideia de complementaridade sob aplausos em uma conferência na Itália e muitos físicos a adotaram. Em outubro, Heisenberg e Max Born estavam falando sobre a mecânica quântica como se tivesse sido totalmente solucionada.

Nem todo mundo concordava, sobretudo Einstein e Schrödinger, que não se deixaram convencer pela doutrina de Bohr até o fim de suas vidas. Einstein acreditava que partículas poderiam ser medidas com precisão. A ideia de que partículas reais seriam governadas por probabilidades o incomodava. Isso não seria necessário em uma teoria melhor, ele argumentou. A mecânica quântica deveria ser incompleta.

Ainda hoje físicos lutam para compreender o significado mais profundo da mecânica quântica. Alguns tentaram oferecer novas explicações, apesar de nenhum deles ter suplantado Bohr. A visão de Copenhague sobreviveu ao tempo por causa de seu poder explicativo.

A ideia condensada: Jamais saberemos algumas coisas

17 O gato de Schrödinger

Para revelar quão ridícula era a interpretação de Copenhague da mecânica quântica, Erwin Schrödinger escolheu acertadamente um gato como estudo de caso. Imaginando-o encaixotado por certo período com um frasco de veneno, ele argumentou que não fazia sentido pensar em um animal real como uma nuvem de probabilidade simplesmente por carecermos de conhecimento sobre o que acontece.

A proposta de Niels Bohr da interpretação de Copenhague da mecânica quântica impressionou muitos físicos, mas os fãs mais arraigados da abordagem da função de onda não embarcaram. Erwin Schrödinger e Albert Einstein permaneceram à margem.

Em 1935, Schrödinger tentou ridicularizar a ideia de Bohr sobre uma nuvem probabilística etérea ao publicar uma situação hipotética que ilustrava a natureza contraintuitiva do colapso de funções de onda e da influência do observador. Albert Einstein fez o mesmo, com seu artigo sobre o paradoxo Einstein-Podolsky-Rosen, que dava pistas sobre correlações de longa distância implausíveis.

Na interpretação de Copenhague, sistemas quânticos eram obscuros e indeterminados até que um observador chegasse apertando o interruptor e decidindo qual qualidade seu experimento iria medir. A luz é tanto partícula quanto onda, até que decidamos que forma queremos testar – só então ela adota essa forma.

Schrödinger, que teve a perspicácia de desenvolver uma teoria de átomos baseada em ondas, rechaçava a ideia de que algo não visto "existisse" em todas as formas possíveis. Quando abrimos uma geladeira e vemos que ela contém queijo, cereal e leite, estaria ela realmente em um dilema matemático sobre exibir ovos e chocolate antes de observarmos?

linha do tempo

1905
Einstein descreve o fóton

1924
De Broglie sugere que a matéria pode se comportar como ondas

1925
Heisenberg publica sua mecânica de matriz

1926
Schrödinger publica sua equação de onda

Probabilidades quânticas obviamente não fazem muito sentido em grandes escalas. O artigo de Schrödinger continha um experimento imaginário que tentava ilustrar esse comportamento usando algo capaz de atrair maior empatia – um gato.

Limbo quântico Schrödinger considerou o seguinte cenário. Um gato é trancado dentro de uma câmara de aço junto a um "dispositivo diabólico": um frasco de cianureto de hidrogênio, que seria aberto apenas caso um átomo radioativo decaísse. O destino do gato dependeria da probabilidade de o átomo já ter decaído ou não.

"Se alguém deixar o sistema intocado por uma hora, diríamos que o gato ainda estaria vivo caso durante esse tempo nenhum átomo tivesse decaído. O primeiro decaimento atômico o teria envenenado", escreveu. O triste aparato de Schrödinger deixaria o gato com chance de 50% de estar vivo ou morto quando a caixa fosse aberta depois desse tempo.

> **"Estou convencido de que a física teórica na verdade é filosofia."**
>
> **Max Born, *My Life and My Views* (1968)**

De acordo com a interpretação de Copenhague da física quântica, enquanto a caixa estiver fechada, o gato existe em uma sobreposição de estados – tanto vivo quanto morto, ao mesmo tempo. Apenas quando a caixa for aberta o destino do animal será selado. Da mesma forma que um fóton é tanto onda quanto partícula até que escolhamos como detectá-lo, a função de onda colapsa em favor de uma das facetas.

Schrödinger argumentou que uma explicação tão abstrata não faz sentido para um animal real como um gato. Certamente ele estaria ou vivo ou morto, não uma mistura de ambos. A interpretação de Bohr, ele pensou, deveria ser um atalho conveniente para aquilo que realmente estaria acontecendo num nível mais profundo. O universo opera por maneiras ocultas e a cada vez só podemos testemunhar parte da figura.

Einstein também achava que a descrição de Copenhague não fazia sentido. Ela suscitava muitas outras questões. Como um ato de observação faz a função de onda colapsar? Quem ou o que pode fazer a ob-

1927	1927	1935	1935
Heisenberg publica seu princípio da incerteza	Bohr propõe a interpretação de Copenhague	Einstein, Podolsky e Rosen publicam seu paradoxo	Schrödinger publica seu cenário do gato

servação – é preciso que seja um humano ou qualquer ser sensitivo poderá fazê-la? Poderia o gato observar a si mesmo? A consciência é necessária?

Poderia o gato colapsar a função de onda da partícula para ditar o resultado? Nesse caso, como pode qualquer coisa existir no Universo? Quem observou a primeira estrela ou, digamos, a primeira galáxia? Ou estariam elas em um dilema quântico até a vida surgir? As charadas são intermináveis.

Levando a lógica de Copenhague ao extremo é possível que nada no Universo exista assim. Essa visão é reminiscente da filosofia de George Berkeley, filósofo do século XVII e contemporâneo de Isaac Newton. Berkeley apresentou a ideia de que todo o mundo externo seria apenas parte de nossa imaginação. Não podemos ter nenhuma evidência sobre a existência de nada externo a nós – tudo o que podemos sentir e saber está contido em nossas mentes.

Muitos mundos O problema de como as medições determinam os resultados foi revisitado em um romance de Hugh Everett em 1957. Ele sugeriu que as observações não destroem as opções, mas as recortam para dentro de uma série de universos paralelos.

De acordo com sua hipótese dos "muitos mundos", cada vez que captamos o caráter de um fóton, o Universo se divide em dois. Em um mundo a luz é uma onda; no outro é uma partícula. Em um universo o

ERWIN SCHRÖDINGER (1887-1961)

Schrödinger nasceu em Viena, filho de um botânico. Apesar de também se interessar por poesia e filosofia, escolheu estudar física teórica na universidade. Durante a Primeira Guerra Mundial, ele lutou na Itália, na divisão de artilharia austríaca, e manteve seus estudos de física quando estava no front.

Schrödinger retornou para ocupar postos acadêmicos em universidades, incluindo as de Zurique e Berlim. Mas quando os nazistas chegaram ao poder ele decidiu sair da Alemanha e se mudar para Oxford. Logo depois de chegar, descobriu que tinha ganhado o prêmio Nobel de 1933, com Paul Dirac, pela mecânica quântica. Em 1936 ele voltou a Graz, na Áustria, mas acontecimentos políticos novamente o afetaram.
Ele perdeu seu emprego após criticar os nazistas, e finalmente se mudou para o Instituto de Estudos Avançados de Dublin, onde permaneceu até se aposentar e voltar a Viena. A vida pessoal de Schrödinger era complicada: ele manteve inúmeros casos extraconjugais, muitos dos quais com o conhecimento de sua esposa, e teve vários filhos com outras mulheres.

“Einstein argumentou que deveria existir algo como o mundo real, não necessariamente representado por uma função de onda, enquanto Bohr insistia que a função de onda não descreve um micromundo ‘real’, apenas um ‘conhecimento’ útil para fazer previsões.”

Sir Roger Penrose, 1994

gato está vivo quando abrimos a caixa; na dimensão complementar o animal foi morto pelo veneno.

Em todos os outros aspectos ambos os ramos do universo são o mesmo. Então, cada observação produz um novo mundo, com uma bifurcação após a outra. Ao longo da história do universo isso poderia ter criado vários mundos paralelos – um número indefinido, talvez infinito.

A ideia de Everett foi inicialmente ignorada, até que um artigo de física para leigos e fãs de ficção científica, tocados por seu apelo, o puseram nos holofotes. Mas hoje ele existe como uma variante moderna chamada teoria dos “multiversos”, que alguns físicos estão usando para explicar por que o Universo é tão acolhedor – pois todos os universos não acolhedores estão se acumulando noutros lugares.

A ideia condensada: Vivo e morto

18 O paradoxo EPR

Em 1935, três físicos – Albert Einstein, Boris Podolsky e Nathan Rosen – elaboraram um paradoxo que desafiou interpretações da mecânica quântica. O fato de a informação quântica aparentemente poder viajar mais rápido do que a velocidade da luz parecia ser um furo na ideia do colapso de funções de onda.

A interpretação de Copenhague da mecânica quântica, proposta por Niels Bohr em 1927, raciocina que o ato da medição influencia um sistema quântico, fazendo-o adotar as características que são observadas na sequência. As propriedades da luz como onda ou como partícula sabem quando aparecer porque o experimentalista efetivamente diz a elas o que fazer.

Einstein achava isso precipitado. A ideia de Bohr significava que sistemas quânticos permaneceriam no limbo até que fossem realmente observados. Antes de alguma medida lhe dizer em que estado o sistema se encontra, ele existe como um misto de todos os estados possíveis. Einstein argumentou que essa sobreposição era irreal. Uma partícula existe independentemente de estarmos ali para vê-la.

Einstein acreditava que o Universo tem uma existência própria e as incertezas da mecânica quântica ilustravam que algo estava errado com a teoria e com sua interpretação. Para expor lacunas na visão de Copenhague, Einstein, junto de seus colegas Boris Podolsky e Nathan Rosen, elaborou um experimento imaginário, descrito num estudo publicado em 1935. Ele ficou conhecido como paradoxo Einstein-Podolsky-Rosen ou EPR.

Imagine uma partícula, talvez um núcleo atômico, que decai para outros dois menores. De acordo com as regras de conservação de energia, se uma partícula não era originalmente estacionária, as partículas

linha do tempo

1905
Einstein descreve o fóton

1924
De Broglie sugere que a matéria pode se comportar como ondas

1925
Heisenberg publica sua mecânica de matriz

1926
Schrödinger publica sua equação de onda

filhas deveriam adquirir momento angular e momento linear opostos e de valor igual. As partículas emergentes voam cada uma para um lado e têm *spins* de direções opostas.

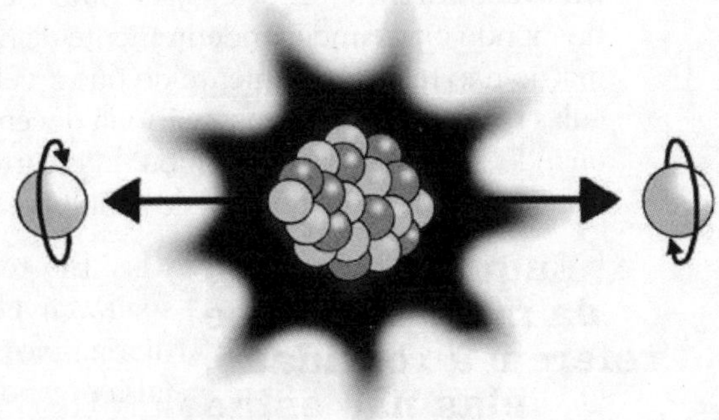

Um núcleo atômico decai criando duas partículas de *spins* opostos.

Outras propriedades quânticas do par também estão ligadas. Se medimos a direção do *spin* de uma partícula, instantaneamente sabemos o estado da outra: ela deve ter *spin* oposto para se encaixar nas regras quânticas. Contanto que nenhuma das partículas interaja com outras, o que perturbaria o sinal, esse fato permanece verdadeiro, não importando quão longe as partículas estejam ou quanto tempo se passe.

Na linguagem da interpretação de Copenhague, ambas as partículas filhas existem em uma sobreposição de todos os resultados possíveis – uma mistura de todas as diferentes velocidades e direções de *spin* que elas podem assumir. No momento em que medimos uma delas, as probabilidades da função de onda de ambas as partículas colapsam para consolidar esse resultado.

Einstein, Podolsky e Rosen argumentaram que isso não fazia sentido. Einstein sabia que nada poderia viajar mais rápido que a luz. Seria, então, possível passar um sinal instantâneo a uma partícula que se encontrasse, muito, muito longe, podendo estar no outro lado do universo? A interpretação de Copenhague deveria estar errada. Schrödinger, mais tarde, usou a expressão "emaranhamento" para descrever essa estranha ação à distância.

> **“A teoria quântica, portanto, revela a unicidade básica do Universo.”**
>
> **Fritjof Capra, *O Tao da Física* (1975)**

1927	**1927**	**1935**	**1935**
Heisenberg publica seu princípio da incerteza	Bohr propõe a interpretação de Copenhague	Einstein, Podolsky e Rosen publicam seu paradoxo	Schrödinger publica seu exemplo do gato

Emaranhamento Einstein acreditava em "realidade local": que tudo no mundo existe independentemente de nós e que sinais carregam informação não mais rapidamente do que a velocidade da luz. As duas partículas no experimento imaginário já devem saber em quais estados estão quando elas se separam, afirmou. Elas carregam esse conhecimento com elas, em vez de mudar de estado simultaneamente em distâncias remotas.

> **"Enquanto as leis da matemática se referem à realidade, elas não estão certas; e enquanto elas estão certas, elas não se referem à realidade."**
>
> **Albert Einstein, *Sideslights on Relativity* (1920)**

Mas Einstein estava errado. Sua ideia soa razoável e adequada à nossa vivência diária. No entanto, ela se demonstrou falsa por numerosos experimentos quânticos ao longo de décadas. A "ação fantasmagórica à distância" de fato ocorre, e partículas acopladas de fato parecem "falar" umas com as outras através do espaço mais rapidamente do que a luz. Físicos já conseguem emaranhar as propriedades quânticas de mais de duas partículas e vê-las mudarem de estado juntas a dezenas de quilômetros de distância.

A sinalização quântica à distância abre diversas aplicações para novas formas de comunicação remota, incluindo o envio de mensagens instantâneas através de vastas porções do espaço. Ela traz a possibilidade de computadores quânticos, capazes de conduzir muitos cálculos ao mesmo tempo ao longo de toda a memória da máquina.

As unidades de informação quântica são conhecidas como *bits* quânticos ou "*qubits*". Assim como computadores normais usam o código binário para descrever mensagens em longas sentenças de zeros e uns, *qubits* adotariam um entre dois estados quânticos. Mas, melhor que isso, eles também poderiam existir em estados mistos, permitindo a realização de cálculos com os quais podemos apenas sonhar.

Ainda assim, a indeterminação que dá à sinalização quântica o seu poder significa que não podemos transmitir um conjunto de informações completo de um lugar a outro. O princípio da incerteza de Heisenberg significa que sempre há uma lacuna de informação em algum aspecto, que não podemos conhecer. Então, o teletransporte humano – tal qual o conhecemos na ficção científica – é impossível.

Ação à distância Apesar de a transmissão de átomos ser impossível, é possível movimentar informação através do espaço usando teletransporte quântico. Se duas pessoas – frequentemente chamadas de Alice e Bob em exemplos de físicos – seguram cada uma delas um par de partículas emaranhadas por meio de medições em particular, elas podem usá-las para transportar *qubits*.

Primeiro, Alice e Bob precisam adquirir seus pares de partículas pareadas, talvez dois fótons, um se afastando do outro. O *qubit* de Alice pode estar em um estado que ela pretende enviar a Bob. Mesmo que ela não saiba qual estado é esse, ela pode influenciar o fóton de Bob a dar-lhe essa mensagem. Ao fazer uma medição do fóton dela, Alice o destrói. Mas o fóton de Bob segue adiante. Bob pode fazer sua própria medição para extrair informação.

Como nada na verdade está viajando a lugar algum, não há teletransporte de matéria nesse sentido. À exceção da primeira troca de partículas, não há comunicação direta entre os dois mensageiros. Pelo contrário, a mensagem original de Alice é destruída no processo de envio e seu conteúdo é recriado em algum outro lugar.

Partículas emaranhadas também podem ser usadas para transmitir mensagens cifradas, de modo que só o receptor-alvo pode lê-las. Qualquer bisbilhoteiro quebraria a pureza do emaranhamento, arruinando a mensagem de vez.

O desconforto de Einstein com o emaranhamento era compreensível – é difícil imaginar o universo como uma teia de conexões quânticas, com números desconhecidos de partículas falando com suas gêmeas distantes. Mas é assim que ele é. O Universo é um grande sistema quântico.

A ideia condensada: Mensagens instantâneas

19 Tunelamento quântico

Radioatividade pode ser explicada apenas com mecânica quântica. Uma partícula alfa pode precisar de um bocado de energia para escapar da forte cola do núcleo, mas como existe uma pequena probabilidade de que ela o faça, existe a chance de essa partícula exceder a barreira de energia. Isso é chamado tunelamento quântico.

Quando você arremessa uma bola de tênis contra uma parede, espera que ela quique e volte. Imagine se em vez disso ela aparecer do outro lado da parede. Isso pode acontecer na escala atômica de acordo com as regras da mecânica quântica.

Como uma partícula, uma molécula ou mesmo um gato podem ser descritos como uma onda – incorporados em uma função de onda da equação de Schrödinger – existe uma chance de que ela seja extensa. Elétrons, por exemplo, não orbitam seu núcleo como planetas, mas estão espalhados por todas as suas camadas orbitais. Se o concebemos como partículas, o elétron pode estar em qualquer lugar dessa região, com alguma probabilidade. É improvável, mas elétrons podem até mesmo pular para fora dos átomos em que residem.

O tunelamento quântico é a habilidade de uma partícula atingir uma façanha energética no mundo quântico que não seria possível num cenário clássico. É como se um cavalo pudesse de alguma maneira atravessar uma cerca alta demais para pular porque sua função de onda seria capaz de abrir um buraco nela. Superar barreiras de energia por tunelamento é algo com um papel nos processos de fusão nuclear que fazem brilhar o Sol e outras estrelas e tem aplicações em eletrônica e óptica.

Decaimento radioativo Físicos tiveram a ideia do tunelamento quântico quando tentavam descobrir como átomos radioativos decaem. É impossível prever o exato momento em que um núcleo instável vai

linha do tempo

1896
Descoberta da radioatividade por Henri Becquerel

1926
Schrödinger cria sua equação de onda

1926
Hund propõe o conceito de tunelamento quântico

FRIEDRICH HUND (1896-1997)

Hund cresceu na cidade alemã de Karlsruhe. Estudou matemática, física e geografia em Marburg e Göttingen, onde finalmente assumiu um cargo em 1957. Hund visitou Niels Bohr em Copenhague e foi colega de Erwin Schrödinger e Werner Heisenberg. Ele trabalhou com Max Born na interpretação quântica do espectro de moléculas diatômicas, como o hidrogênio molecular. Em 1926, descobriu o tunelamento quântico. As regras de Hund para preencher as camadas de elétrons ainda são muito usadas em física e química.

se romper e expulsar um pouco de radiação, mas podemos dizer em média, para muitos núcleos, quão provável é. Essa informação normalmente é expressa em termos da meia-vida, o período necessário para metade dos átomos decaírem. Mais formalmente, é o intervalo no qual há uma chance de 50% de dado átomo ter decaído.

Em 1926, Friedrich Hund criou o conceito de tunelamento quântico, que logo foi cooptado para explicar o decaimento alfa. Um pedaço de polônio-212, por exemplo, emite partículas alfa (dois prótons com dois nêutrons) rapidamente e tem uma meia-vida de 0,3 microssegundos. Elas possuem energias típicas em torno dos 9 MeV (milhões de elétrons-volt). Mas a partícula alfa deveria requerer 26 MeV para escapar à energia vinculante do núcleo, de acordo com a física clássica. Ela não deveria ser capaz de se soltar de modo algum, mas claramente ela o faz. O que está acontecendo?

Por causa das incertezas da mecânica quântica, há uma pequena possibilidade de uma partícula alfa escapar do átomo de polônio. A partícula alfa é capaz de saltar – ou abrir um túnel quântico – através da barreira de energia. A probabilidade de que ela o faça pode ser calculada usando a equação de onda de Schrödinger, estendendo a função de onda para além do átomo. Max Born percebeu que o tunelamento era um fenômeno geral da física quântica e não estava restrito à física nuclear.

Como podemos visualizar o tunelamento quântico? A partícula alfa que sente um puxão de atração da força nuclear é como uma bola rolando em um vale. Se ela tem uma pequena quantidade de energia,

1928
O tunelamento quântico é aplicado ao decaimento alfa por George Gamow e outros

1957
O tunelamento de elétrons em sólidos é aceito

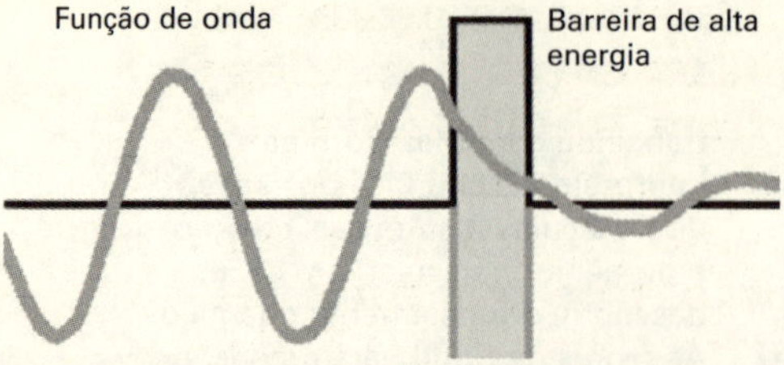

Existe uma pequena chance de a função de onda de uma partícula "tunelar" através de uma barreira de energia, mesmo quando ela não possui energia o suficiente para superá-la de acordo com a física clássica.

ela rola para a frente e para trás e fica aprisionada. Se ganhar energia o suficiente, porém, ela poderá atravessar o monte e escapar do vale. Essa é a imagem da física clássica.

No mundo quântico, a partícula alfa também tem tendência a se comportar como onda que pode se espalhar. De acordo com a equação de onda de Schrödinger, as propriedades das partículas podem ser descritas por função de onda que se parecem vagamente com ondas sinusoidais. A função de onda precisa ser contínua e refletir o fato de que a partícula tem maior tendência a existir dentro do átomo, mas há também uma pequena probabilidade de que as partículas escapem do vale da carga nuclear, por isso algumas devem vazar.

“Partículas elementares e os átomos formados por elas fazem um milhão de coisas aparentemente impossíveis ao mesmo tempo.”

Lawrence M. Krauss, 2012

Visualizando isso matematicamente, a função de onda é uma onda senoidal em um vale, mas quando ela atinge as laterais dos montes ela se estende através dessa barreira de energia. Ela perde força quando o faz, então uma barreira grossa e mais difícil de penetrar, mas não impossível. Após isso, ela retoma seu caráter de vai e vem de onda senoidal no outro lado do morro. Ao calcular a força da função de onda no lado distante do morro em relação ao interior é possível determinar a probabilidade de a partícula alfa escapar.

Ondas evanescentes A luz pode espalhar energia através de um espelho graças a um fenômeno relacionado. Um raio de luz que incide sobre um espelho e é completamente refletido não pode ser explicado usando as equações de ondas eletromagnéticas de Maxwell. Para manter as propriedades das ondas inteiras e equilibrar as equações, um pouco de energia precisa passar pelo espelho. Isso é conhecido como ondas evanescentes.

Ondas evanescentes decaem espontaneamente em força e rapidamente se tornam tão fracas que são invisíveis. Mas se algum material equivalente é posicionado perto do primeiro espelho, a energia pode ser

"Com o advento da mecânica quântica, o mundo que funcionava como um relógio se transformou em uma loteria. Eventos fundamentais, como o decaimento de um átomo radioativo, estão sujeitos a ser determinados pela sorte, não por uma lei."

Ian Stewart, *Does God Play Dice?* (2002)

captada e transmitida. Essa técnica de acoplamento é usada por alguns dispositivos ópticos e é análoga ao espalhamento de energia magnética entre bobinas indutoras e um transformador.

Tunelamento também é útil em eletrônica. Ele permite a elétrons pular barreiras de modo controlado em arranjos de semicondutores e supercondutores. Junções de túnel, por exemplo, são "sanduíches" feitos de materiais condutores em volta com um isolante no meio – uns poucos elétrons podem pular de um lado para o outro do isolante. O tunelamento também é usado em alguns tipos de diodo e transistor, como meio de controlar voltagens, um pouco com um controle de volume.

O microscópio de varredura por tunelamento usa esse princípio para produzir imagens da superfície de materiais, revelando detalhes na escala de átomos. Ele o faz ao posicionar uma agulha carregada perto da superfície. Um pequeno número de elétrons passam da agulha para a superfície por tunelamento quântico, e a força da corrente revela a distância entre os dois. Tais microscópios são tão poderosos que chegam a uma precisão de 1% do diâmetro de um átomo.

A ideia condensada: Atalho através da montanha

20 Fissão nuclear

Após a descoberta dos nêutrons, físicos começaram a dispará-los em grandes átomos, esperando construir novos isótopos e elementos. O núcleo, porém, era fragmentado – sofria uma fissão. Energia era liberada nesse processo, tornando a fissão uma nova meta para geração de energia e para a bomba atômica.

Nos anos 1920 e 1930, físicos olharam para além dos elétrons ao investigar o núcleo atômico. A radioatividade – quando um núcleo grande como urânio ou polônio se rompe e libera constituintes menores – era bem conhecida. Mas os meios pelos quais eles o faziam não estavam claros.

Após a descoberta do núcleo em 1911 com seu experimento da folha de ouro, Ernest Rutherford transmutou nitrogênio em oxigênio ao disparar partículas alfa sobre o gás em 1917. Físicos arrancavam pequenas partes de outros núcleos. Mas somente em 1932 que John Cockcroft e Ernest Walton quebraram um átomo ao meio em Cambridge ao disparar prótons velozes sobre um alvo de lítio. Naquele mesmo ano, o experimento oposto – colar dois núcleos numa fusão nuclear – obteve sucesso, quando Mark Oliphant fundiu dois átomos de deutério (forma pesada do hidrogênio) para produzir hélio.

A descoberta do nêutron por James Chadwick, também em 1932, abriu novas possibilidades. Enrico Fermi, na Itália, e Otto Hahn e Fritz Strassmann, na Alemanha, atiravam nêutrons contra o elemento pesado urânio, tentando criar átomos ainda mais pesados. Mas, em 1938, a dupla fez algo mais profundo. Eles dividiram um núcleo de urânio aproximadamente pela metade, produzindo bário, que tem 40% da massa.

Para algo com menos que 0,5% da massa do átomo-alvo, o nêutron parecia capaz de um impacto excessivo no urânio. Era como se um melão fosse fracionado em dois pelo impacto de uma ervilha. A descoberta também era inesperada porque físicos da época, incluindo George Gamow e Niels Bohr, acreditavam que o núcleo fosse como uma gota líquida.

linha do tempo

1896
Henri Becquerel descobre a radioatividade

1932
James Chadwick descobre o nêutron

1938
A fissão atômica é observada

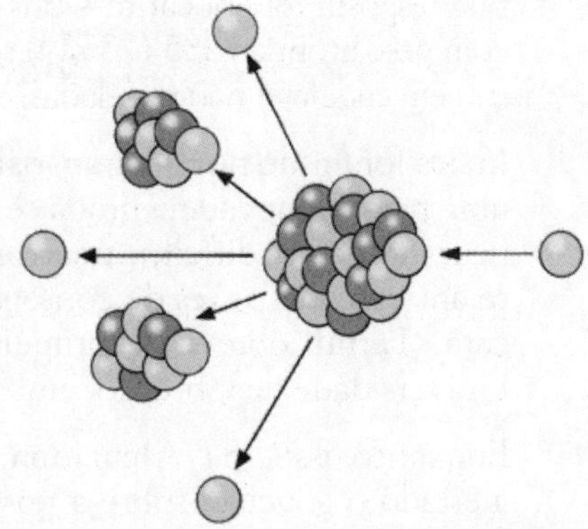

Nêutrons disparados contra núcleos pesados podem parti-los ao meio.

Forças de tensão de superfície deveriam criar resistência à divisão da gotícula e, mesmo que ela se rompesse, as duas gotas positivamente carregadas iriam se repelir e voar para lados opostos, eles acreditavam. Não foi isso que se viu.

A solução veio de Lise Meitner, colega de Hahn. Exilada na Suécia após fugir da Alemanha nazista, Meitner e seu sobrinho físico Otto Frisch logo perceberam que não era tão estranho para um grande núcleo rachar pela metade – cada um dos produtos seria mais estável que o original e a energia deles somada seria menor no final. A energia remanescente seria irradiada. Meitner e Frisch batizaram esse processo de "fissão", termo que descrevia a divisão de uma célula biológica.

Arma em potencial Após voltar à Dinamarca, Frisch mencionou sua ideia a Niels Bohr, que a levou para além do Atlântico durante sua turnê de palestras. Na Universidade Columbia, em Nova York, o imigrante italiano Enrico Fermi começou a fazer experimentos de fissão no porão. O exilado húngaro Léo Szilárd, também nos EUA, percebeu que essa reação de urânio poderia produzir nêutrons adicionais que iriam produzir mais fissões – causando assim uma reação nuclear em cadeia (uma reação autossustentada) que poderia liberar vasta quantidade de energia explosiva.

A Segunda Guerra Mundial havia iniciado e Szilárd temia que cientistas alemães pudessem chegar às mesmas conclusões. Ele e Fermi concordaram em não publicar suas conclusões. Em 1939, Szilárd, junto a outros dois refugiados húngaros, Edward Teller e Eugene Wigner, convenceram Albert Einstein a emprestar seu nome para uma carta que alertaria o presidente dos EUA, Franklin Roosevelt, do risco de tal reação ser usada para projetar uma bomba atômica.

Frisch, então exilado na Inglaterra, também iniciou trabalhos com Rudolph Peierls para saber quanto urânio seria necessário e de qual tipo.

1942	1945	1951
Primeira reação em cadeia é realizada	Bombas atômicas são lançadas no Japão	Eletricidade é produzida com energia nuclear

Sua resposta foi chocante – uns poucos quilos de um isótopo de urânio com peso atômico 235 (235 U) seriam suficientes para produzir uma reação em cadeia, e não toneladas, como se suspeitou inicialmente.

Ideias foram de novo compartilhadas além do Atlântico, mas iniciar uma reação em cadeia ainda se mostrava difícil em laboratório. Purificar urânio era difícil, e nêutrons nos experimentos eram rapidamente amortecidos antes de conseguirem desencadear uma fissão em cascata. Fermi obteve a primeira reação em cadeia em 1942 na Universidade de Chicago, embaixo do estádio de futebol.

Enquanto isso, na Alemanha, Werner Heisenberg também havia alertado o governo sobre a possibilidade de uma bomba baseada em urânio. Felizmente, para o resultado da guerra, a iniciativa alemã ficou atrás da dos aliados. A posição de Heisenberg não ficou clara – algumas pessoas acreditam que ele fez corpo mole de propósito, outros o taxaram por ter tido um papel de liderança no programa. De um jeito ou de outro, apesar de cientistas alemães terem descoberto a fissão, no final da guerra a Alemanha ainda não dominava nem sequer uma reação em cadeia.

Em setembro de 1941, Heisenberg visitou a Copenhague ocupada pelos alemães e procurou seu velho colega Bohr. O assunto de sua conversa não é bem-conhecido – é o tema da peça de teatro *Copenhagen*, de Michael Frayn –, apesar de ambos depois a terem mencionado em

ROBERT OPPENHEIMER (1904-1967)

Robert Oppenheimer nasceu numa família rica de Nova York. Visitou o Novo México pela primeira vez quando adolescente, numa viagem para se recuperar de uma doença. Na Universidade de Harvard, estudou química e física, mudando-se para Cambridge em 1924. Oppenheimer não se dava bem com seu orientador, Patrick Blackett, e disse ter deixado uma maçã coberta de produtos químicos em sua escrivaninha.

Em 1926, ele se mudou para Göttingen para trabalhar com Max Born, onde também conheceu gigantes como Heisenberg, Pauli e Fermi. Oppenheimer voltou aos EUA nos anos 1930 e trabalhou no Caltech e em Berkeley. Descrito tanto como frio quanto como encantador, tinha uma personalidade forte. Suas inclinações comunistas levaram a uma desconfiança por parte de funcionários do governo. Ainda assim, em 1942 pediram a ele que liderasse o Projeto Manhattan. Oppenheimer ficou atormentado com o lançamento da bomba atômica e citou uma frase do Bhagavad Gita: "Agora me tornei a Morte, o destruidor de mundos". Em sua velhice, juntou-se a outros físicos para promover a paz nuclear global.

cartas, algumas jamais remetidas. Só recentemente as cartas de Bohr foram tornadas públicas por sua família. Uma delas menciona que Heisenberg contou a ele secretamente sobre o esforço de guerra atômico dos alemães. Bohr ficou perturbado e tentou enviar uma mensagem a Londres por meio da Suécia. Mas a mensagem foi adulterada e não foi compreendida quando chegou.

O projeto Manhattan De volta aos EUA, a descoberta de Frisch de que apenas um punhado de urânio era preciso para fazer uma bomba coincidiu com o ataque japonês a Pearl Harbor. Roosevelt lançou o projeto americano da bomba nuclear, conhecido com Projeto Manhattan. Ele foi liderado por Robert Oppenheimer, físico de Berkeley, numa base secreta em Los Alamos, no Novo México.

> **“Ninguém havia pensado na fissão antes de ela ser descoberta.”**
>
> **Lise Meitner, 1963**

A equipe de Oppenheimer começou a projetar a bomba no verão de 1942. O truque era manter a quantidade de urânio abaixo da massa crítica até a detonação levar a fissão adiante. Dois métodos foram testados, consolidados nas bombas chamadas de “Little Boy” e “Fat Man”. Em agosto de 1945, a “Little Boy” foi lançada na cidade japonesa de Hiroshima, liberando o equivalente a 20 mil toneladas de dinamite. Três dias depois, a “Fat Man” explodiu em Nagasaki. Cada uma das bombas matou cerca de 100 mil pessoas instantaneamente.

A ideia condensada: Divisão nuclear

21 Antimatéria

As partículas mais elementares têm gêmeas espelhadas. Partículas de antimatéria têm a carga oposta mas a mesma massa as acompanha. Um pósitron, por exemplo, é uma versão de carga positiva do elétron. A maior parte do Universo é feita de matéria. Quando matéria e antimatéria se encontram, elas se aniquilam em uma explosão de energia pura.

Em 1928, o físico Paul Dirac tentou aprimorar a equação de onda de Schrödinger ao adicionar efeitos da relatividade especial. A equação de onda descrevia partículas como elétrons em termos da física de ondas estacionárias, mas naquela época era incompleta.

A teoria se aplicava a partículas com pouca energia ou que viajavam lentamente, mas não explicava os efeitos relativísticos de partículas energéticas, como os elétrons em átomos maiores que o hidrogênio. Para encaixá-las melhor no espectro de átomos grandes ou em estados excitados, Dirac trabalhou com efeitos relativísticos – contração de comprimento e dilatação do tempo – para mostrar como eles afetavam as formas das órbitas dos elétrons.

Apesar de funcionar para prever o tamanho das energias dos elétrons, a equação de Dirac pareceu inicialmente muito genérica. A matemática abria a possibilidade de elétrons terem tanta energia positiva quanto negativa, assim como a equação $x^2 = 4$ tem como soluções tanto $x = 2$ e $x = -2$. A solução de energia positiva era esperada, mas energia negativa não fazia sentido.

Igual, oposta, mas rara Em vez de ignorar o termo confuso "energia negativa", Dirac sugeriu que tais partículas poderiam mesmo existir. Talvez existissem formas de elétrons com carga positiva em vez de negativa, mas com a mesma massa? Ou talvez eles fossem imaginados como "furos" em um mar de elétrons normais. Esse estado complementar à matéria é chamado de "antimatéria".

linha do tempo

1928	1932	1955
Dirac propõe a antimatéria	Anderson detecta o pósitron	Antiprótons são detectados

A caça começou e, em 1932, Carl Anderson, cientista do Caltech, confirmou a existência de pósitrons. Ele estava acompanhando os rastros de chuveiros de partículas produzidos por raios cósmicos – partículas muito energéticas que vêm do espaço e colidem com a atmosfera, vistas pela primeira vez pelo cientista alemão Victor Hess duas décadas antes. Anderson viu o rastro de uma partícula positivamente carregada com a massa do elétron, o pósitron. A antimatéria não era mais uma ideia abstrata, era real.

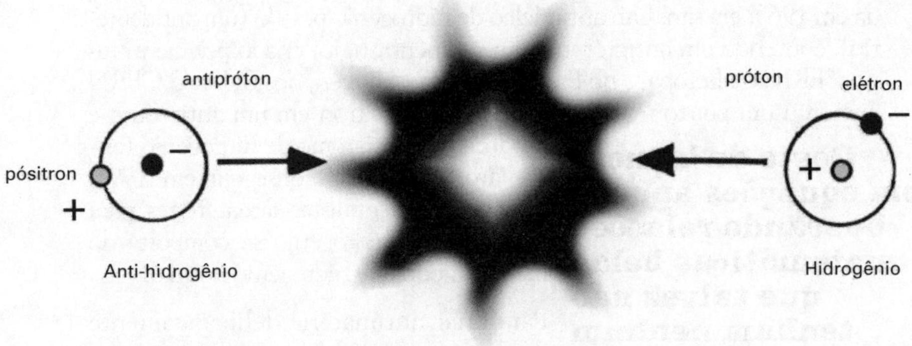

Matéria e antimatéria se aniquilam para formar energia pura.

PAUL DIRAC (1902-1984)

Paul Dirac foi chamado de "o mais estranho dos homens". Ele admitia que não conseguia começar uma frase sem já saber como iria terminá-la; pessoas faziam piada dizendo que suas únicas sentenças eram "Sim", "Não" e "Não sei". Por sorte, ele era tão brilhantemente inteligente quanto era tímido. Seu doutorado, concluído na Universidade de Cambridge em tempo recorde e com brevidade característica, era um panorama completamente novo da mecânica quântica. Dirac prosseguiu incorporando a teoria da relatividade à teoria quântica e previu a existência de antimatéria, além de ter feito trabalhos pioneiros na teoria inicial de campos quânticos. Quando ele ganhou o prêmio Nobel, hesitou em aceitá-lo. Só concordou quando alertado de que ele atrairia ainda mais atenção se o recusasse.

1965
O primeiro antinúcleo é produzido

1995
Átomos de anti-hidrogênio são criados

A antipartícula seguinte, o antipróton, foi detectada duas décadas depois, em 1955. Emilio Segrè e sua equipe, que trabalhavam na Universidade da Califórnia em Berkeley, usavam um acelerador de partículas – uma máquina chamada Bevatron – para lançar uma torrente de prótons velozes contra núcleos em um alvo fixo. As energias dos prótons eram altas o suficiente para antipartículas serem produzidas nas colisões. Um ano depois, o antinêutron também foi achado.

Com os blocos constituintes da antimatéria no lugar certo, seria possível construir um antiátomo ou ao menos um antinúcleo? A resposta, mostrada em 1965, era sim. Um antinúcleo de hidrogênio pesado (um antideutério), contendo um antipróton e um antinêutron, foi criado por cientistas no CERN, na Europa, e no Laboratório Brookhaven, nos EUA. O CERN demorou um pouco mais para colocar um pósitron em um antipróton e produzir um antiátomo de hidrogênio (anti-hidrogênio), mas conseguiu em 1995. Hoje experimentalistas fazem testes para ver se o anti-hidrogênio se comporta do mesmo modo que hidrogênio normal.

> **“Gosto de brincar com equações apenas buscando relações matemáticas belas que talvez não tenham nenhum significado físico. Às vezes elas têm.”**
>
> **Paul Dirac, 1963**

Para criar antimatéria deliberadamente na Terra – em vez de capturar seus sinais em raios cósmicos vindos do espaço –, físicos precisam de máquinas especiais que usam grandes ímãs para impulsionar partículas e focá-las em feixes. Em grandes aceleradores de partículas, como aqueles no CERN, na Suíça, e no Fermilab, perto de Chicago, torrentes de partículas podem ser disparadas contra alvos ou contra outros feixes, liberando energia de acordo com a equação $E = mc^2$, que cria um chuveiro de outras partículas. Como matéria e antimatéria se aniquilam em um clarão de energia pura, caso você encontre seu gêmeo de antimatéria, pense bem antes de cumprimentá-lo com um aperto de mão.

Bang desequilibrado Quando observamos o Universo, não vemos muitos clarões de partículas se aniquilando. A razão é que ele é quase todo feito de matéria – menos de 0,01% do Universo é feito de antimatéria. O que causou esse desequilíbrio fundamental?

Pode ser que quantidades ligeiramente desiguais das duas tenham sido criadas no Big Bang. Ao longo do tempo, a maior parte das partículas e antipartículas colidiram e se anularam umas às outras, mas algumas poucas restaram. Se apenas uma em cada 10 bilhões (10^{10}) de partículas sobreviveu, isso explicaria as proporções que vemos hoje. Isso poderia explicar os grandes números de fótons e formas puras de energia que salpicam o Universo.

Ou pode ser que algum processo quântico no Universo primordial tenha favorecido a matéria em detrimento de sua forma espelhada. Talvez algumas partículas estranhas tenham sido criadas na bola de fogo e elas tenham decaído predominantemente em matéria. Qualquer que seja a razão, milhares de físicos nos grandes aceleradores de partículas do planeta estão tentando encontrá-la.

“Acho que a descoberta da antimatéria talvez tenha sido o maior salto de todos os grandes saltos da física em nosso século.”

Werner Heisenberg, citado em 1973

A ideia condensada: Iguais e opostos

22 Teoria quântica de campos

Se luz e ondas eletromagnéticas podem ser transmitidas por fótons, a teoria quântica de campos supõe então que todos os campos são transmitidos pelo espaço por partículas fundamentais. Isso implica que partículas de qualquer dado tipo são indistinguíveis, partículas são emitidas e absorvidas durante interações e antimatéria existe.

Segurando dois ímãs proximamente, você pode senti-los se repelindo. Mas como essa força é transmitida? Da mesma forma como a luz do Sol ou sua gravidade conseguem se esticar ao longo de vastas extensões de espaço para influenciar a Terra ou o pequeno Plutão?

A ideia de que forças atuam à distância ao longo de "campos" estendidos cresceu com o trabalho de Michael Faraday sobre eletricidade e magnetismo no meio do século XIX. Sua busca por leis fundamentais do eletromagnetismo – que ligam todos os fenômenos elétricos e magnéticos – foi concluída décadas depois por James Clerk Maxwell. Em apenas quatro equações, Maxwell descreveu os vários aspectos de campos elétricos, incluindo a maneira com que eles se reduzem com a distância.

Mas como as forças são comunicadas? No mundo da física clássica, normalmente pensamos sobre objetos levando energia de um lugar a outro. Em um revólver, átomos da onda de pressão transferem a energia de uma explosão para uma bala, que depois atinge um alvo. No início do século XX, Albert Einstein descreveu a luz de modo similar, como uma torrente de fótons depositando pacotes de energia em uma placa de metal que atingiam. Mas, e as outras forças: a gravidade e as forças nucleares forte e fraca que mantêm o núcleo atômico unido?

Partículas transmissoras de forças A teoria quântica de campos, que emergiu nos anos 1920, supõe que todos os campos transmitem suas energias por fluxos de partículas quânticas – conhecidas como "bósons

linha do tempo

1831 Faraday descobre a indução eletromagnética

1873 Maxwell propõe equações para o eletromagnetismo

1905 Einstein propõe o conceito de fótons

1925-7 Dirac descreve o elétron e a antimatéria

de calibre". Assim como os fótons, eles cruzam o espaço para entregar seu impacto. Assim como os fótons, eles possuem determinados "*quanta*" de energia. Mas, diferentemente dos fótons, alguns desses transmissores de força têm massa. E existe um verdadeiro zoológico delas.

Partículas transmissoras de forças não são como bolas de bilhar rígidas, mas como perturbações em um campo de energia subjacente. Elas não são verdadeiramente nem ondas nem partículas, mas algo no meio, como os pioneiros quânticos Niels Bohr e Louis de Broglie explicaram sobre a verdade de tudo na escala atômica. Os transmissores de força – incluindo fótons e seus similares – podem agir como partículas em circunstâncias que demandam isso e só podem carregar certas quantidades de energia de acordo com regras quânticas. Férmions, como o elétron, também podem ser imaginados como transmissores de seus campos associados.

Dirac e a teoria quântica O primeiro campo cujo comportamento foi estudado foi o campo eletromagnético. Nos anos 1920, o físico britânico Paul Dirac tentou desenvolver uma teoria quântica do eletromagnetismo, que ele publicou em 1927. Seu foco era o elétron. O que tornou complicado descrever seu comportamento era que ele precisava explicar como um fóton poderia ser emitido quando um elétron cai de um orbital de alta energia para um de baixa energia num átomo. Como essa segunda partícula era efetivamente criada?

Ele raciocinou que, assim como substâncias químicas interagem, partículas também interagem, contanto que elas sigam regras quânticas. Certas quantidades – como a carga e a energia – devem ser conservadas antes e depois da interação, se considerarmos todas as partículas. Um elétron, então, passa por uma interação quando tem uma queda de energia, emitindo a diferença de energia na forma de um fóton.

A contenda de Dirac com suas equações para elétrons finalmente levou a sua previsão sobre antimatéria e o pósitron – que ele visualizou como um buraco em um mar de elétrons. Partículas têm antipartículas gêmeas, com cargas opostas e energia negativa. O pósitron é o antielétron.

O pressuposto da teoria quântica de campos é que todas essas partículas elementares são indistinguíveis. Um fóton com uma energia em particular se assemelha e se comporta como qualquer outro, não im-

1927-8
Jordan e Wigner desenvolvem a teoria quântica de campos

1946-50
A eletrodinâmica quântica é desenvolvida por Tomonaga, Schwinger e Feynman

1954
Evidência dos *quarks* é vista no Centro do Acelerador Linear de Stanford.

1968
A teoria da cromodinâmica quântica é publicada por Gross, Wiczek e Politzer

portando onde ele esteja no Universo; todos os elétrons são praticamente o mesmo, não importando se estão em um pedaço de enxofre, uma folha de cobre ou zunindo num tubo de gás neon.

Nascimento e morte da energia Partículas podem, às vezes, aparecer e desaparecer. De acordo com o princípio da incerteza de Heisenberg, há uma pequena chance de um pacote de energia aparecer espontaneamente por algum tempo, mesmo no vácuo do espaço. A probabilidade de ele o fazer está ligada ao produto da energia da partícula com o tempo pelo qual ele aparece – uma partícula energética que aparece do nada só existe por um curto tempo.

Lidar com essa eventualidade significa que a teoria quântica de campos precisa lidar com a estatística de muitas partículas e incluir o princípio da exclusão de Pauli, segundo o qual dois férmions nunca podem ter as mesmas propriedades. Pascual Jordan e Eugene Wigner descobriram como combinar estatisticamente as equações de onda para representar campos.

Mas teorias quânticas inicias lutaram para explicar alguns fenômenos. Um deles era o fato de os campos produzidos pelos transmissores de força terem afetado as partículas em si. Por exemplo, um elétron tem uma carga elétrica, então ele produz o campo em que ele mesmo se acomoda. Dentro do átomo, isso faz as energias dos orbitais dos elétrons se deslocarem um pouco.

A ideia sobre de que um elétron ou um fóton eram feitos era difícil de visualizar. Se o elétron negativamente carregado fosse estendido e não um ponto no espaço, alguns pedaços iriam repelir outros. Estresses eletromagnéticos poderiam rompê-lo. Mas se os elétrons não têm extensão, como então atribuir propriedades como carga e massa a um ponto infinitamente pequeno? As equações logo se enchiam de infinitudes.

PASCUAL JORDAN (1902-1980)

Pascual Jordan nasceu em Hanover, na Alemanha. Seu pai era um artista e esperava que seu filho seguisse um caminho similar, mas Jordan escolheu a ciência. Depois de passar pela Universidade Técnica de Hanover, Jordan concluiu o doutorado na Universidade de Göttingen, onde trabalhou com Max Born. Em 1925, Born, Werner Heisenberg e Jordan publicaram a primeira teoria da mecânica quântica. Um ano depois, Jordan estendeu a ideia dos *quanta* de energia para todos os campos – os primeiros passos para a Teoria Quântica de Campos. Jordan nunca recebeu o prêmio Nobel, talvez por ter se filiado ao partido nazista durante a Segunda Guerra Mundial.

Em 1947, físicos descobriram uma maneira de cancelar as infinitudes – conhecida como renormalização – e pioneiros como Julian Schwinger e Richard Feynman levaram a teoria adiante. O resultado, conhecido como eletrodinâmica quântica (QED), descrevia como a luz e a matéria interagem e era consistente com a relatividade. Efeitos eletromagnéticos eram transmitidos pelo espaço pelo fóton sem massa ao longo de grandes distâncias.

> **“Com frequência os requerimentos de simplicidade e beleza são os mesmos, mas quando estão em conflito, o último deve ter a precedência.”**
>
> **Paul Dirac, 1939**

Explicar as outras forças era mais difícil e levou décadas. A unificação do eletromagnetismo com a força nuclear fraca – que está envolvida com a fusão e o decaimento radioativo beta – aguardou uma melhor compreensão de prótons e nêutrons, que são construídos de pequenos *quarks*. A força nuclear forte era um desafio ainda maior, graças ao curto alcance ao longo do qual operava. A teoria eletrofraca e a cromodinâmica quântica, então, só foram desenvolvidas na década de 1970.

Hoje, há um bocado de progresso na tentativa de unificar as forças forte e fraca e o eletromagnetismo. Mas o objetivo maior de incluir a gravidade ainda é intangível.

A ideia condensada: Transmissores de forças

23 Desvio de Lamb

Qual é a aparência de um elétron? A resposta para essa questão, no final dos anos 1940, permitiu a físicos corrigir um problema com a matemática descrevendo a visão quântica do eletromagnetismo. O elétron é embaçado pelas interações com partículas de campos e parece então ter um tamanho finito.

Nos anos 1930, físicos já sabiam um bocado sobre os elétrons. O modelo simples de Niels Bohr, de 1913, que tratava elétrons como planetas negativamente carregados que circulavam um núcleo positivamente carregado havia sido aprimorado para levar em conta o isolamento dos elétrons externos pelos internos e os efeitos do momento angular. Desvios de energia em razão do *spin* nas linhas espectrais do hidrogênio mostravam que elétrons agem como bolas de carga em rotação.

Os efeitos Zeeman e Stark – as divisões finas nas linhas espectrais do hidrogênio em razão dos campos magnéticos – revelavam um magnetismo associado ao *spin* dos elétrons. O princípio da exclusão de Pauli explicava por que os elétrons, como férmions, só podem ter algumas propriedades quânticas e como eles preenchiam camadas sucessivas em torno de átomos. Paul Dirac e outros incorporaram correções relativísticas.

Mas questões perduraram. Em particular, não estava claro qual era a aparência de um elétron. A equação de onda de Schrödinger descrevia a probabilidade de um elétron estar em certos lugares, formulado como função de onda. Mas os elétrons obviamente tinham localização em certo sentido, pois suas cargas podiam ser isoladas e eles podiam ser arremessados em placas de metal. Nas equações iniciais da teoria quântica de campos, era impossível atribuir uma carga ou uma massa a algo infinitamente pequeno. Mas se uma partícula carregada como um elétron tivesse um tamanho, poderia existir sem que a autorrepulsão a fragmentasse? As equações ficavam cheias de infinitudes – singularidades matemáticas – que as tornavam intratáveis.

linha do tempo

1896
Zeeman observa o efeito Zeeman

1922
Experimento Stern-Gerlach mostra a quantização do magnetismo do elétron

1925
Goudsmit e Uhlenbeck propõem que elétrons são bolas de carga em rotação

HANS BETHE (1906-2005)

Nascido em Estrasburgo, hoje da França, mas na época parte do Império Alemão, Hans Bethe exibiu uma atração precoce pela matemática. Além de ser um escritor habilidoso, ele tinha o estranho hábito de escrever para a frente e depois para trás em linhas alternadas. Bethe decidiu estudar física na Universidade de Frankfurt porque "a matemática parece provar coisas que são óbvias". Ele foi a Munique e completou seu doutorado em difração de elétrons por cristais em 1928. Mudando-se para Cambridge, o humor de Bethe se revelou quando ele publicou (e depois se retratou) um falso estudo sobre o zero absoluto para provocar seu colega Arthur Eddington. Durante a guerra, Bethe (que tinha ancestralidade judaica), mudou-se para os EUA e ficou na Universidade Cornell pelo resto de sua carreira. Ele trabalhou com pesquisa nuclear e no Projeto Manhattan e solucionou o problema de como as estrelas brilham ao propor reações de fusão. Isso rendeu a ele um prêmio Nobel. O senso de humor de Bethe continuou se revelando, como quando emprestou seu nome a um artigo hoje conhecido como o estudo "alfa, beta, gama", de autoria de R. Alpher, H. Bethe e G. Gamow.

Avanço quântico Em 1947, um experimento trouxe uma pista que levou a física quântica ao próximo nível. Na Universidade Columbia, em Nova York, Willis Lamb e seu aluno Robert Retherford descobriram um novo efeito nas linhas espectrais do hidrogênio. Tendo trabalhado com tecnologia de micro-ondas na Segunda Guerra Mundial, Lamb tentava aplicá-la à observação do hidrogênio em comprimentos de ondas muito mais longos que os da luz visível.

Sob as frequências de micro-ondas que ele usava, o espectro das emissões de hidrogênio sondava dois orbitais em particular: um esférico (chamado estado S); outro mais alongado (estado P). Ambos tinham energias logo acima do mais baixo, o estado fundamental. A teoria atômica da época previa que os dois orbitais deveriam ter a mesma energia, porque como tinham formas diferentes, eles poderiam responder de maneiras diferentes ao campo magnético. Uma diferença de energia deveria emergir e poderia ser detectada como um novo tipo de divisão nas linhas espectrais do hidrogênio. Apesar de poder afetar orbitais com diferentes formas, o efeito era muito mais fácil de ver usando micro-ondas do que as partes ópticas ou ultravioletas do espectro.

1947
Lamb e Retherford descobrem que a divisão se deve à forma dos orbitais dos elétrons

1947
Hans Bethe propõe a renormalização

1946-50
Tomonaga, Schwinger e Feynman desenvolvem a QED

A diferença de energia é exatamente o que Lamb e Retherford encontraram. A dupla apontou um feixe de elétrons para um feixe de átomos de hidrogênio, em ângulos perpendiculares um ao outro. Alguns dos elétrons nos átomos de hidrogênio ganhavam energia como resultado e se moviam para o orbital S. As regras quânticas os proibiam de perder essa energia ao cair para um estado energético inferior, então eles permaneciam excitados. Os átomos energizados eram conduzidos então a um campo magnético – produzindo o efeito Zeeman – para finalmente atingirem uma placa de metal, onde os elétrons eram liberados gerando uma pequena corrente.

"Nós precisamos de educação científica para produzir cientistas, mas precisamos igualmente criar o hábito de leitura no público."

Hans Bethe na *Popular Mechanics* (1961)

Micro-ondas (com frequências próximas às dos fornos de micro-ondas) também eram apontadas para os átomos na região magnetizada. Ao variar a intensidade do campo magnético, Lamb conseguiu fazer os elétrons pularem para o estado P assimétrico. Estes podem cair para o estado fundamental, já que as regras quânticas permitiam essa transição, antes de atingirem a placa de detecção e não produzirem nenhuma corrente.

Ao notar que isso acontecia para diversas frequências, Lamb criou um esquema a partir do qual ele podia inferir o desvio de energia entre os estados P e S na ausência de um campo magnético – conhecido como desvio de Lamb. O valor não era zero. Então a teoria sobre os elétrons deveria estar incompleta.

Em 1947, essa descoberta abalou a comunidade de físicos quânticos. Era o tópico quente de conversas em um congresso realizado naquele ano na ilha de Shelter, em Long Island, Nova York. O que esse desvio de energia significava para a forma do elétron? E como as equações poderiam ser corrigidas para levá-lo em conta?

Muitos físicos assumiram que o desvio era um resultado do problema de "autoenergia" – porque a carga do elétron produz, ela própria, um campo elétrico no qual ele se acomoda. Mas as equações não conseguiam lidar com isso – elas previam que um elétron livre teria massa infinita, e as linhas espectrais que resultariam daí seriam todas deslocadas para uma frequência infinita. Esses fatores de infinitude assombravam a física quântica.

Alguma coisa precisaria explicar por que a massa do elétron era fixa e não infinita. Hans Bethe, quando voltava de um congresso para casa, imaginou um modo de contornar o problema. Percebendo que uma solução pura estava além da compreensão, ele retrabalhou as equações de modo que as propriedades do elétron não eram mais expressas em termos de carga e massa, mas em versões reescalonadas delas. Ao escolher parâmetros apropriados, ele foi capaz de cancelar as infinitudes – uma abordagem chamada de renormalização.

O problema da infinitude surge da granulação quântica do campo eletromagnético. O elétron estava sendo abalado pelas partículas constituintes do campo, meio da maneira com que o movimento browniano dispersa moléculas pelo ar. O elétron então fica embaçado e adquire aparência de uma esfera. Esse elétron desfocado sente menos atração pelo núcleo a distâncias curtas do que sentiria se fosse um ponto, o orbital S no experimento de Lamb, então, sobe um pouco de energia. O orbital P é maior e menos afetado, porque o elétron não está tão perto do núcleo, então sua energia é menor que a do orbital S.

“Aquilo que observamos não é a natureza em si, mas a natureza exposta a nosso método de questionamento.”

Werner Heisenberg, *Physics and Philosophy* (1958)

A explicação de Bethe se encaixou tão bem nos resultados experimentais de Lamb e veio na hora certa para impulsionar a física quântica adiante. Sua técnica de renormalização ainda é usada, apesar de alguns físicos a considerarem um tanto *ad hoc*.

A ideia condensada: Movimento browniano dos elétrons

24 Eletrodinâmica quântica

A eletrodinâmica quântica (conhecida como QED) é "a joia da física", segundo um de seus pais fundadores, Richard Feynman. Talvez a mais precisa teoria conhecida, ela levou físicos a uma compreensão excepcional do comportamento de elétrons, fótons e processos eletromagnéticos.

QED é a teoria quântica de campos da força eletromagnética. Ela explica como a luz e a matéria interagem e inclui os efeitos da relatividade especial. A versão atual descreve com partículas carregadas interagem ao trocar fótons e explica a estrutura fina nas linhas espectrais do hidrogênio, incluindo aqueles resultados do *spin* de elétrons, o efeito Zeeman e o desvio de Lamb.

Os primeiros passos para a QED vieram da tentativa de Paul Dirac de explicar, em 1920, como um elétron emite ou absorve um fóton ao perder ou ganhar energia num átomo de hidrogênio, produzindo então as séries de linhas espectrais. Dirac aplicou a ideia dos *quanta* de energia de Max Planck ao campo eletromagnético. Dirac imaginava os *quanta* como pequenos osciladores (cordas vibrando ou ondas estacionárias). Ele introduziu a ideia de interações entre partículas, durante as quais partículas poderiam ser espontaneamente criadas ou destruídas.

Avanço Durante uma década, físicos alteraram essa teoria, mas pensavam que tinham feito tudo o que podiam. Veio então a constatação de que ela só funcionava para o caso simples do átomo de hidrogênio. Em situações além dessa – para elétrons com energias maiores ou em átomos maiores – os cálculos sofriam uma pane, requerendo que a massa do elétron crescesse infinitamente. Dúvidas foram apontadas sobre o valor de toda a teoria: seria a mecânica quântica compatível com a relatividade especial? Descobertas seguintes nos anos 1940, como o desvio de Lamb e o *spin* do elétron, criaram ainda mais pressão.

linha do tempo

1873
Maxwell publica suas equações do eletromagnetismo

1927
Paul Dirac publica sua descrição quântica do eletromagnetismo

1927-8
Jordan e Wigner desenvolvem a teoria quântica de campos

A reelaboração das equações por Hans Bethe em 1947 – usando renormalização para cancelar as infinitudes – e sua explicação para o desvio de Lamb, salvaram a pátria. Porém, ele ainda não tinha uma teoria relativística completa. Ao longo dos dias seguintes, as ideias de Bethe foram aprimoradas por físicos como Sin-Itiro Tomonaga, Julian Schwinger e Feynman. Ao destrinchar mais as equações eles conseguiram banir completamente as infinitudes, o que lhes rendeu o prêmio Nobel em 1965.

A renormalização existe na física quântica até hoje, mas seu significado físico não é compreendido. Feynman nunca gostou dela: ele a chamava de "abracadabra".

Diagramas de Feynman As equações da QED são complicadas. Feynman, então, um notório piadista com grande imaginação e ta-

RICHARD FEYNMAN (1918-1988)

Nascido e criado em Nova York, Richard Feynman aparentemente aprendeu a falar tarde. Sem ter pronunciado uma única palavra até os três anos, ele compensou isso mais tarde na vida como um renomado palestrante e físico brilhante. Feynman estudou física na Universidade de Columbia e depois em Princeton, e foi convidado a trabalhar como cientista estagiário no Projeto Manhattan em Los Alamos. Feynman era meio piadista e gostava de pregar peças em seus colegas no deserto do Novo México. Ele abria os armários dos colegas ao adivinhar senhas óbvias dos cadeados, como o logaritmo natural $e = 2,71828...$, e deixava bilhetes. Ele praticava dança e percussão no deserto – surgiram boatos de um tal "Índio Joe". Após a guerra, Feynman finalmente se mudou para o Caltech, parte em razão do clima quente. Conhecido como "o grande explicador", Feynman era um professor sublime e escreveu uma famosa série de livros que resumiam algumas de suas aulas. Além da QED, pela qual ele recebeu o prêmio Nobel, Feynman trabalhou em teorias da força nuclear fraca e dos superfluídos. Em uma famosa palestra, "Há muito espaço nos fundos", ele estabeleceu as fundações da nanotecnologia. Descrito pelo seu colega Freeman Dyson como "meio gênio-meio palhaço", mais tarde Feynman se tornou "totalmente gênio-totalmente palhaço".

1947
Bethe propõe a renormalização

1946-50
Tomonaga, Schwinger e Feynman desenvolvem a QED

lento para o ensino, inventou seu próprio atalho. Em vez de usar álgebra, ele simplesmente desenhava flechas para representar as interações entre partículas, seguindo algumas regras.

Uma flecha reta representava uma partícula se movendo de um ponto para outro; uma linha ondulada era usada para um fóton e outros transmissores de força tinham variantes tortuosas. Cada interação entre partículas pode ser mostrada como três flechas em um ponto de encontro ou vértice. Sequências de interações poderiam ser construídas adicionando mais unidades.

Por exemplo, um elétron e um pósitron colidindo, aniquilando-se para produzir energia na forma de um fóton, eram desenhados como duas flechas se encontrando em um ponto, a partir do qual a linha ondulada de um fóton emerge. O tempo corre da esquerda para a direita na página. Como antipartículas são equivalentes a partículas reais que se movem para trás no tempo, a flecha de um pósitron seria desenhada apontando para trás, da esquerda para a direita.

Dois ou mais vértices triplos podem ser combinados para mostrar uma série de eventos. O fóton criado por essa interação elétron-pósitron pode então se desintegrar espontaneamente para formar outro par de partícula-antipartícula, desenhado como duas novas flechas surgindo.

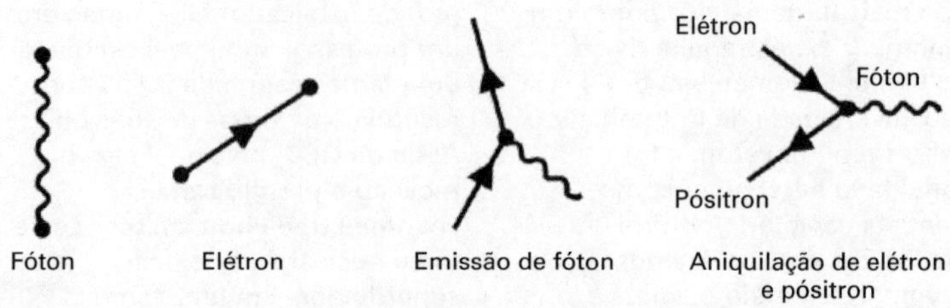

Diagramas de Feynman

Todos os tipos de interações podem ser descritas usando os diagramas, que funcionam para qualquer uma das forças fundamentais descritas nas teorias de campo – notavelmente o eletromagnetismo e as forças nucleares forte e fraca. Existem algumas poucas regras que devem ser seguidas, como a conservação de energia. E partículas como *quarks*, que não podem existir sozinhas, precisam ser equilibradas de forma que partículas que entram e saem do diagrama sejam entidades reais, como prótons e nêutrons.

Variações de probabilidade Esses diagramas não são apenas esboços visuais: eles possuem significados matemáticos mais profundos – também podem nos dizer quão prováveis são as interações. Para descobrir isso é preciso saber *quantas* maneiras existem de chegar a elas.

Para qualquer ponto inicial e final o número de trajetórias de interações alternativas pode ser rapidamente conferido anotando-se todas as variantes. Ao contá-las, temos a resposta sobre qual trajetória é a mais provável de ocorrer.

"A eletrodinâmica quântica (QED) atingiu um estado de coexistência pacífica com suas divergências..."

Sidney Drell, 1958

Isso influenciou o pensamento de Feynman por trás da QED. Ele se lembrou de uma antiga teoria óptica sobre a propagação da luz chamada princípio de Fermat. Ao rastear a trajetória de um raio de luz por uma lente ou prisma, no qual ele pode ser desviado, a teoria diz que apesar de a luz poder seguir todos os caminhos possíveis, o mais rápido é o mais provável e aquele no qual a maior parte da luz trafega em fase. Ao contar seus diagramas, Feynman também buscava pelo resultado mais provável em uma interação quântica.

A QED abriu caminho para mais desdobramentos da teoria quântica de campos. Físicos estenderam o panorama para cobrir o campo de força da "cor" dos *quarks*, uma teoria chamada de cromodinâmica quântica ou QCD. A QED, por sua vez, foi mesclada à força nuclear fraca e combinada em uma teoria "eletrofraca".

A ideia condensada: Eletromagnetismo amadurecido

25 Decaimento beta

Núcleos instáveis às vezes se destroem, liberando energia na forma de partículas. O decaimento beta ocorre quando um nêutron se torna um próton e emite um elétron junto de um antineutrino. A teoria de Enrico Fermi de 1934 sobre como o decaimento beta ocorre ainda prevalece e estabelece o cenário de estudos da força nuclear fraca, que une prótons em nêutrons dentro do núcleo.

A radioatividade emana do núcleo de um átomo, por meio da força nuclear fraca. Ela vem em três tipos – alfa, beta e gama. Partículas alfa são núcleos de hélio puros, consistindo de dois prótons e dois nêutrons e são emitidas quando o núcleo instável de um elemento radioativo se rompe. Partículas beta são elétrons liberados pelo núcleo quando um nêutron decai em um próton. Raios gama são energia liberada como fótons.

“O decaimento beta era como um velho grande amigo. Sempre haveria um lugar especial em meu coração reservado somente para ele.”

Chieng-Shiung Wu

Como partículas alfa são relativamente pesadas, elas não vão muito longe e podem ser facilmente detidas por um pedaço de papel ou pela pele. Partículas beta são leves e vão mais longe – é preciso chumbo ou uma parede espessa de outro metal para detê-las. Raios gama são ainda mais penetrantes.

Em experimentos similares àqueles usados anteriormente para identificar o elétron, Henri Becquerel mediu em 1900 a razão entre a carga e a massa de uma partícula beta e descobriu que ela era igual à de um elétron. Em 1901, Ernest Rutherford e Frederick Soddy perceberam que a radiação beta mudava a natureza do elemento químico da qual ela saía,

linha do tempo

1900	1901	1911	1930	1932
Becquerel mostra que uma partícula beta é como um elétron	Rutherford e Soddy mostram que partículas beta saem do núcleo	Meitner e Hahn mostram que energia se perde durante o decaimento beta	Pauli propõe que o neutrino existe	Chadwick descobre o nêutron

movendo-o uma casa para a direita na tabela periódica. Césio, por exemplo, se tornava bário. Então, eles concluíram que partículas beta devem ser elétrons que saem do núcleo.

Em 1911, os cientistas alemães Lise Meitner e Otto Hahn obtiveram um resultado intrigante. Enquanto partículas alfa eram emitidas apenas em energias específicas, partículas beta poderiam ser emitidas em qualquer quantidade de energia, até um limite máximo. Aparentemente alguma energia, que deveria ser conservada, estava desaparecendo.

Léptons

Léptons são blocos básicos que constituem matéria. Há seis diferentes sabores: as partículas elétron, múon, tau e seus neutrinos associados. Cada um tem sua própria antípartícula.

Partícula	Símbolo	Energia da massa
elétron	e	0,000511 GeV
múon	μ	0,1066 GeV
tau	τ	1,777 GeV

Em busca da partícula perdida O momento linear também não estava sendo conservado – a direção e a velocidade do coice do núcleo e a partícula beta emitida não contrabalançavam uma à outra. A melhor explicação para isso era que alguma outra partícula deveria estar sendo emitida, amortecendo a energia e o momento restantes. Mas nada óbvio havia sido detectado.

Em 1930, em uma famosa carta que começava com "Caros senhores e senhoras radioativos", Wolfgang Pauli propôs a existência de uma partícula neutra extremamente leve, uma companheira do próton, no núcleo. Ele a chamou de nêutron, mas ela foi depois rebatizada de neutrino ("pequena neutra") por Enrico Fermi, para evitar confusão com o atual nêutron, mais pesado, descoberto por James Chadwick em 1932.

Essa partícula leve, Pauli imaginava, poderia explicar as discrepâncias e, por não ter carga e possuir massa pequena, teria sido fácil para ela escapar da detecção. Em 1934, Fermi publicou uma teoria completa do decaimento beta, incluindo as propriedades do neutrino invisível. Ela era uma obra-prima, mas Fermi ficou devastado quando ela foi rejeitada pela revista científica *Nature* sob a justificativa de ser muito especulativa. Durante algum tempo, ele mudou sua pesquisa para outros tópicos.

1934 Fermi publica sua teoria do decaimento beta

1956 Cowan detecta o neutrino

1962 Lederman e outros detectam o neutrino do múon

1998 Encontrado o neutrino de oscilação solar

ENRICO FERMI (1901-1954)

Quando era menino em Roma, Enrico Fermi se interessou por ciência, desmontando motores e brincando com giroscópios. Quando seu pai morreu, ele era ainda adolescente e mergulhou nos estudos. Enquanto estudava física na universidade em Pisa, Fermi se tornou tão bom em física quântica que foi incumbido de organizar seminários, e em 1921 ele publicou seu primeiro estudo sobre eletrodinâmica e relatividade. Completou o doutorado com apenas 21 anos, e poucos anos depois se tornou professor em Roma. A teoria de Fermi sobre o decaimento beta foi publicada em 1934, mas, frustrado com a falta de interesse que recebeu, ele mudou para a física experimental, realizando trabalhos iniciais com bombardeios de nêutrons e fissão. Após receber o prêmio Nobel em 1938 por estudos nucleares, ele se mudou para os Estados Unidos para fugir do regime fascista de Benito Mussolini. O grupo de Fermi gerou a primeira reação nuclear em cadeia em Chicago, e em 1942 ele participou do Projeto Manhattan. Conhecido por seu raciocínio claro e simples e suas habilidades tanto em física teórica quanto prática, Fermi foi um dos grandes físicos do século XX. O escritor C. P. Snow descreveu seus talentos: "Qualquer coisa sobre Fermi tende a soar como hipérbole".

Neutrinos De fato, neutrinos mal interagem com a matéria e foram vistos pela primeira vez só em 1956. Clyde Cowan e seus colaboradores transformaram prótons e antineutrinos do decaimento beta em pósitrons e nêutrons. (Por razões de simetria quântica, a partícula emitida durante um decaimento beta, na verdade, é um antineutrino.)

Neutrinos ainda são difíceis de detectar. Como eles não carregam carga, não são capazes de ionizar nada. E como são muito leves quase não deixam rastro quando atingem um alvo. Na verdade, a maior parte deles atravessa a Terra sem parar.

Físicos podem detectar ocasionalmente um neutrino que tenha se desacelerado ao buscar clarões de luz quando eles atravessam grandes massas de água – em piscinas gigantes no Mediterrâneo e na plataforma de gelo antártica. Os neutrinos incidentes podem atingir uma molécula de água e tirar um elétron, que produz um raio de luz azul (conhecido como radiação de Cherenkov).

Em 1962, Leon Lederman, Melvin Schwartz e Jack Steinberger mostraram que neutrinos existem em outros tipos (chamados sabores), quando detectaram interações do neutrino do múon, um membro da família mais pesado que o neutrino do elétron. O terceiro tipo, o neutrino do tau, teve sua existência prevista em 1975, mas só foi visto em 2000, no Fermilab.

Neutrinos são produzidos por algumas reações de fusão que alimentam o Sol e outras estrelas. No fim dos anos 1960, físicos que tentavam detectar neutrinos do Sol perceberam que estavam vendo muito poucos: apenas 30% a 50% do número esperado estava chegando.

> **“Uma vez que se adquire o conhecimento básico, qualquer tentativa de evitar sua fruição é tão fútil quanto tentar fazer a Terra parar de girar em torno do Sol.”**
>
> **Enrico Fermi, “Energia Atômica para o Poder”, *Collected Papers (Note e Memorie)***

O problema dos neutrinos solares só foi solucionado em 1998, quando experimentos como o Super-Kamiokande, no Japão, e o Observatório de Neutrinos de Sudbury, no Canadá, mostraram como os neutrinos mudam – ou oscilam – entre os três sabores. Os números relativos dos neutrinos do elétron, do múon e do tau estavam sendo estimados incorretamente antes, e vários detectores estavam perdendo alguns tipos. As oscilações dos neutrinos indicam que neutrinos têm uma pequena massa.

Então, ao resolver o problema do decaimento beta, Pauli e Fermi abriram um novo mundo de substitutos do elétron – chamados léptons – e também previram a existência do neutrino, uma partícula cujas propriedades ainda são intrigantes. Isso criou o cenário para as investigações sobre as forças nucleares.

A ideia condensada: A misteriosa partícula ausente

26 Interação fraca

A mais sutil das forças fundamentais, a força nuclear forte rege o decaimento de nêutrons em prótons e afeta todos os férmions. Uma de suas estranhas propriedades é ela não ter uma simetria em espelho – o Universo é canhoto.

A força nuclear forte causa o decaimento radioativo. A maioria das partículas, mesmo o nêutron, alguma hora acaba se decompondo em seus constituintes mais fundamentais. Apesar de serem estáveis e longevos dentro de um núcleo atômico, nêutrons livres são instáveis, e dentro de quinze minutos se transformam em um próton, um elétron e um antineutrino.

O decaimento do nêutron explica a radiação beta. Ele torna possível a datação por radiocarbono – o isótopo carbono-14 decai por meio da interação fraca para se tornar nitrogênio-14, com uma meia-vida de cerca de 5.700 anos. Por outro lado, a interação fraca torna possível a fusão nuclear, construindo deutério e depois hélio a partir de hidrogênio dentro do Sol e de outras estrelas. Elementos pesados, então, são produzidos usando a interação fraca.

A força fraca recebe esse nome porque seu campo de força é milhões de vezes menor que o da força nuclear forte, que une prótons e nêutrons dentro do núcleo e é milhares de vezes mais fraca do que a força eletromagnética. Apesar de a força eletromagnética poder se exercer por grandes distâncias, a força fraca tem um alcance minúsculo – cerca de 0,1% do diâmetro de um próton.

Decaimento beta Nos anos 1930, Enrico Fermi desenvolveu sua teoria do decaimento beta e começou a "desembaraçar" as propriedades da força fraca. Fermi viu paralelos entre a força fraca e o eletromagnetismo. Assim como partículas carregadas interagem por meio do intercâmbio de fótons, a força fraca teria de ser transmitida por partículas similares.

Físicos retornaram à prancheta. O que é um nêutron? Werner Heisenberg imaginava que o nêutron era uma combinação de um próton

linha do tempo

1927
Wigner propõe o conceito de paridade em funções de onda

1934
Fermi propõe a teoria do decaimento beta

1954
Yang e Mills publicam a teoria da força forte

1956
Yang e Lee propõem que a paridade não se conserva em interações fracas

com um elétron grudado, como se fosse uma molécula. Ele achava que núcleos maiores e suas combinações ficavam unidos por um tipo de ligação química, com prótons e nêutrons unidos pelo intercâmbio de elétrons. Em uma série de estudos em 1932 ele tentou explicar a estabilidade do núcleo de hélio (dois prótons e dois nêutrons unidos) e outros isótopos. Mas sua teoria não decolou – dentro de poucos anos, experimentos mostraram que isso não poderia explicar como dois prótons poderiam se conectar ou interagir.

Físicos analisaram a simetria. No eletromagnetismo, a carga sempre se conserva. Quando partículas decaem ou se combinam, cargas podem se somar ou subtrair, mas elas não são criadas ou destruídas. Outra propriedade conservada na mecânica quântica é a "paridade": a simetria da função de onda refletida. Uma partícula tem paridade "par" quando não muda se é refletida de um lado para outro ou de cima para baixo; do contrário ela teria paridade "ímpar".

Mas as coisas não eram tão claras assim com a força fraca. Na verdade, Chen Ning Yang e Tsung-Dao Lee propuseram a possibilidade radical de que a paridade não se conservaria em interações fracas. Em 1957, Chieng-Shiung Wu, Eric Ambler e seus colegas no Escritório Nacional de Padrões dos EUA, em Washington, DC, elaboraram um experimento para medir a paridade de elétrons emitidos em decaimento beta. Usando átomos de cobalto-60, eles conduziam os elétrons que emergiam deles por um campo magnético. Se a paridade fosse par e os elétrons saíssem em orientações aleatórias, isso resultaria então um padrão simétrico. Caso possuíssem uma orientação preferencial, um padrão assimétrico deveria surgir.

Violação de paridade Físicos esperaram os resultados ansiosamente. Wolfgang Pauli estava tão convicto de que a simetria se conservaria que se disse disposto a apostar um bocado de dinheiro no resultado, afirmando: "Eu não acredito que o Senhor seja um canhoto fraco". Quinze dias depois, Pauli teve de engolir suas palavras – a paridade não se conservou.

Mais tarde, Maurice Goldhaber e sua equipe no Laboratório Nacional de Brookhaven estabeleceram que o neutrino e o antineutrino têm paridades opostas – o neutrino é "canhoto" e o antineutrino é

1957	1957	1964	1983
Wu e Ambler mostram que a paridade não se conserva no decaimento beta	Schwinger propõe 3 transmissores da força fraca, W^+, W^- e Z^0	O campo de Higgs é proposto	CERN acha evidência direta das partículas W e Z

"destro". A força fraca, como se postulou, agia apenas sobre partículas canhotas (e antipartículas destras). Hoje conhecemos muito mais partículas, e o cenário ficou mais complicado; de um jeito ou de outro, a quebra de paridade em interações fracas continua bem estabelecida.

> **"Há uma coisa pior do que voltar do laboratório para casa e encontrar a pia cheia de louça suja: simplesmente não ir ao laboratório."**
>
> **Chieng-Shiung Wu**, citado em 2001

Uma enxurrada de teóricos se debruçou sobre o problema. Em novembro de 1957, Julian Schwinger propôs que três bósons estariam envolvidos em transmitir a força fraca. Para passar carga, dois deles precisariam ter cargas opostas: ele os batizou de W^+ e W^-. A terceira partícula teria de ser neutra. Ele pressupôs que seria o fóton. No decaimento beta, ele pensou, o nêutron decairia para um próton em um W^-, que por sua vez decairia para se tornar um elétron e um antineutrino.

Uma década depois, Schwinger questionou se o alcance restrito da força fraca significava que seu transmissor de força teria massa. O fóton não tem massa e pode viajar longe. Mas seu equivalente na força fraca seria tão pesado e com vida tão breve que decairia quase instantaneamente, explicando por que ainda não o teríamos visto.

Schwinger colocou seu aluno de pós-graduação Sheldon Glashow para trabalhar no problema. Glashow demorou, mas superou a expectativa. Ele percebeu que o fato de as partículas W possuírem carga significava que a força fraca e o eletromagnetismo estavam conectados. Nos poucos anos que se seguiram, ele preparou uma nova teoria ligando ambos, mas isso requeria que a terceira partícula, a neutra, também fosse maciça – e ela foi batizada de Z^0. A força fraca seria transmitida, então, por três bósons pesados: W^+, W^- e Z^0.

Por volta de 1960, a teoria de Glashow havia avançado, mas tinha problemas. Assim como ocorrera com a eletrodinâmica quântica, estava cheia de infinitudes e ninguém arrumava meio de cancelá-las. Outro problema era explicar por que os transmissores da força fraca tinham massas grandes enquanto o fóton não tinha nenhuma.

Teoria eletrofraca A solução para a teoria "eletrofraca", que combinava a força fraca e o eletromagnetismo, aguardou por uma melhor compreensão de prótons e nêutrons e pelo fato de que eles são feitos de partículas menores chamadas *quarks*. A força fraca muda *quarks* de um tipo – ou sabor – para outro. Transformar um nêutron em um próton requer que se troque o sabor de um *quark*.

O problema da massa foi solucionado teoricamente em 1964, quando um novo tipo de partícula – o bóson de Higgs – foi proposto. Sua descoberta foi relatada em 2012. Ele atrai e impõe limite aos bósons W e Z, dando a eles inércia. Como os bósons W e Z são pesados, decaimentos fracos são relativamente lentos. Logo, a decomposição de um nêutron pode levar minutos, enquanto fótons são emitidos em uma fração de segundo.

“Desde o início da física, considerações sobre simetria têm nos dado uma ferramenta extremamente útil e poderosa em nosso esforço para compreender a natureza.”

Tsung-Dao Lee, 1981

Por volta de 1968, Glashow, Abdus Salam e Steven Weinberg apresentaram uma teoria unificada da força eletrofraca, pela qual receberam o prêmio Nobel. Martinus Veltman e Gerard't Hooft conseguiram renormalizar a teoria, eliminando as infinitudes. Evidências das partículas W e Z surgiram em experimentos em aceleradores nos anos 1970 e elas foram detectadas diretamente no CERN em 1983.

Apesar de por muito tempo termos acreditado que as leis da natureza seriam simétricas em reflexões no espelho, a força fraca não o é. Ela tem uma “mão preferencial”.

A ideia condensada: Força canhota

27 Quarks

Ao tentar explicar a variedade de partículas elementares, Murray Gell-Mann descobriu padrões que poderiam ser compreendidos se as partículas fossem cada uma delas feitas de um trio de componentes mais básicos. Inspirado no trecho de um romance, ele os batizou de *quarks*. Em menos de uma década, descobriu-se que os *quarks* existiam.

Por volta dos anos 1960, físicos já haviam descoberto cerca de trinta partículas elementares. Assim como elétrons, prótons, nêutrons e fótons, havia dúzias de outras mais exóticas com nomes como píons, múons, káons e partículas sigma – além de todas as suas antipartículas.

Enrico Fermi aparentemente disse uma vez: "Se eu conseguisse me lembrar dos nomes de todas essas partículas, teria sido botânico." Começou então a busca pela criação de um tipo de tabela periódica das partículas para interligá-las.

Partículas se encaixavam em dois tipos básicos. A matéria é feita de férmions, que se dividem em outros dois tipos: léptons, incluindo elétrons, múons e neutrinos; e bárions, incluindo os prótons e os nêutrons. As forças são carregadas por bósons, incluindo o fóton, e vários "mésons", como os píons e os káons responsáveis pela força forte.

O caminho óctuplo Ao visitar o Collège de France em Paris – e relatar ter bebido um bocado de vinho tinto de primeira – Murray Gell-Mann tentava encaixar as propriedades quânticas de todas essas partículas. Era como solucionar um sudoku gigante. Quando ele as agrupou por suas características quânticas, como cargas e *spins*, um padrão começou a surgir. Ele descobriu que um arranjo similar poderia explicar duas séries de oito partículas (bárions com *spin* 1/2 e mésons com *spin* 0). Em 1961, ele publicou sua visão do "Caminho Óctuplo", batizada em homenagem aos oito passos de Buda para atingir o Nirvana.

linha do tempo

1954	1961	1964	1968
Yang e Mills publicam uma teoria da força forte baseada em simetrias	Gell-Mann publica o Caminho Óctuplo	Gell-Mann publica a teoria dos *quarks*	Quarks são descobertos no Acelerador Linear de Stanford

MURRAY GELL-MANN (1929-)

Nascido numa família de imigrantes judeus do Império Austro-húngaro, Gell-Mann foi um menino prodígio. Entrou na Universidade de Yale aos 15 anos. Em 1948, concluiu o bacharelado em física e entrou para a pós-graduação no MIT, onde concluiu o doutorado em física em 1951.

Ao classificar partículas de raios cósmicos recém-descobertas (káons e híperons), propôs que um sabor quântico conhecido como estranhice seria conservado por interações fortes, mas não fracas. Em 1961, ele desenvolveu um esquema classificando hádrons em temos de octetos, que ele chamou de Caminho Óctuplo. Em 1964, propôs que hádrons consistem de trios de *quarks*. Propôs a conservação da "carga de cor" e trabalhou na QCD.

Gell-Mann ganhou o Prêmio Nobel de Física de 1969. Nos anos 1990, passou a estudar ciência da complexidade, ajudou a fundar o Instituto Santa Fé, no Novo México, no qual mantém hoje um cargo junto de sua cadeira no Caltech, onde se juntara ao corpo docente em 1955.

Um dos mésons estava faltando, porém – apenas sete eram conhecidos. Ele decidiu então prever a existência de um oitavo méson, que foi encontrado poucos meses depois por Luiz Álvarez e sua equipe na Universidade da Califórnia, em Berkeley. Quando um novo trio de bósons com *spin* −3/2 foi descoberto logo depois, Gell-Mann achou que poderia encaixá-los em um novo conjunto que incluiria dez entidades. O padrão começava a tomar forma.

Cada arranjo fazia sentido matematicamente caso existissem três partículas fundamentais na raiz desses padrões. Se prótons e nêutrons fossem feitos dessas três partículas menores, seria possível então rearranjar os componentes de diferentes maneiras, de modo a produzir as árvores de família das partículas.

As unidades básicas teriam de ter uma carga incomum, de mais ou de menos 1/3 ou 2/3 daquela do elétron, de forma que suas combinações dessem ao próton uma carga de +1 e ao nêutron uma de 0. Essas cargas fracionadas pareciam ridículas – nada como elas jamais havia sido visto – e Gell-Mann deu às suas partículas imaginárias um nome sem sentido, *quorks* ou *kworks*.

1973	1974	1977	1994
Gross, Wilczek e Politzer publicam a teoria da cromodinâmica quântica	O *quark charm* é descoberto	O *quark bottom* é descoberto	O *quark top* é descoberto

***Quarks* e seus sabores** Quando lia *Finnegans Wake*, de James Joyce, Gell-Mann encontrou um nome melhor em um trecho: "Três *quarks* a Muster Mark!". A palavra de Joyce se referia ao guinchado de uma gaivota, mas Gell-Mann gostou da similaridade com sua própria palavra inventada e de sua relação com o número 3. Em 1964, ele publicou sua teoria dos *quarks*, propondo que um nêutron é uma mistura de dois *quarks up* e dois *down*, enquanto o próton abrigaria dois *down* e um *up*. A radiação beta ocorreria então, segundo ele, quando um *quark down* dentro de um nêutron se convertesse em um *quark up*, transformando-o num próton e emitindo uma partícula W^-.

> **"Três *quarks* a Muster Mark! Que claro já de há muito mais não carca. E claro que se faz só faz errar a marca."**
>
> **James Joyce, *Finnegans Wake* (na tradução de Caetano Galindo)**

O Caminho Óctuplo de Gell-Mann aparentemente funcionava, mas ele próprio não entendia por quê. Ele o aceitava como um mero recurso matemático. Outros zombavam de sua teoria dos *quarks*, no início. Havia pouca evidência para a existência física dos *quarks*, até que experimentos no Centro do Acelerador Linear de Stanford em 1968 revelaram que o próton era de fato feito de componentes menores.

Hoje, com mais e mais partículas sendo descobertas, a visão de Gell-Mann foi aceita. Sabemos que existem seis tipos ou sabores de *quarks*: *up*, *down*, *charm*, *strange*, *top* e *bottom*. Eles surgem aos pares; o *up* e o *down* são os mais leves e mais comuns. Evidências para os *quarks* mais pesados só aparecem em colisões de altas energias – o *quark top* só foi ser descoberto no Fermilab em 1995.

Os nomes esquisitos dos *quarks* e suas características surgiram de modo circunstancial. O *up* e o *down* (para cima e para baixo) foram batizados em referência à direção de seu iso*spin* (uma propriedade quântica das forças fraca e forte, análoga à carga no eletromagnetismo).

Quarks strange (estranhos) são chamados assim porque acabaram se revelando componentes das partículas de longa duração "estranhas", descobertas décadas antes em raios cósmicos. O *quark* "*charme*" foi batizado em homenagem ao prazer que trouxe a seu descobridor. *Bottom* e *top* (base e topo) foram escolhidos para complementar o *up* e o *down*. Alguns físicos usam nomes mais românticos para o *top* e o *bottom*: "verdade" e "beleza".

Quarks podem mudar de sabor por meio da interação fraca e são afetados por todas as forças fundamentais. Para cada *quark* existe um antiquark. Partículas feitas de *quarks* são chamadas hádrons (de *hadros*, "grande" em grego). *Quarks* não podem existir sozinhos – eles sempre surgem em três e ficam confinados nos hádrons.

"Como é possível alguém escrever umas poucas fórmulas simples e elegantes, como poemas curtos governados pelas regras estritas do soneto ou do waka, e prever regularidades universais da natureza?"

Murray Gell-Mann, discurso no banquete do Nobel (10 de dezembro de 1969)

"Cores" dos *quarks* *Quarks* possuem seus próprios conjuntos de propriedades, incluindo carga elétrica, massa, *spin* e uma outra característica quântica conhecida como carga de "cor", ligada à força nuclear forte. Cada *quark* pode ser vermelho, verde ou azul. Antiquarks tem anticores, como antivermelho. Assim como na óptica as três cores primárias se combinam para formar luz branca, bárions precisam ser feitos de uma combinação que resulta em branco.

A atração e repulsão dos *quarks* de várias cores são regidas pela força nuclear forte e mediadas por partículas chamadas glúons. A teoria que descreve as interações fortes é chamada de cromodinâmica quântica (QCD).

A ideia condensada: O poder de três

28 Dispersão inelástica profunda

Uma série de experimentos na Califórnia nos anos 1960 confirmaram o modelo do *quark* para o próton e outros hádrons. Ao disparar elétrons de alta energia contra prótons, físicos mostraram que eles são rebatidos vigorosamente quando atingem três pontos no núcleon e que os *quarks* têm cargas fracionais.

Em 1968, físicos na Universidade de Stanford ficaram intrigados com os resultados de seu novo acelerador de partículas. O Centro do Acelerador Linear de Stanford (SLAC), ao sul de São Francisco, não era o colisor de partículas mais energético dos EUA – era o de Brookhaven, na costa leste. Mas o SLAC foi construído para desempenhar uma tarefa ousada – romper o próton.

Os maiores aceleradores da época, como o de Brookhaven, em geral colidiam feixes de prótons pesados uns contra os outros, em busca de novos tipos de partículas entre os estilhaços dos choques. Richard Feynman comparava isso a triturar um relógio suíço para descobrir como ele funciona. A equipe do SLAC, diferentemente, disparava feixes de elétrons velozes contra prótons.

Apesar de elétrons serem muito mais leves do que os prótons, o que resultaria em menor impacto, o teórico americano James Bjorken percebeu que eles poderiam provocar danos mais precisos. Elétrons de altíssima energia teriam funções de onda muito compactas. Os elétrons iriam desferir seu golpe em uma região pequena o suficiente para perfurar o próton. Em essência, os físicos do SLAC estavam indo um passo além de Ernest Rutherford, que 50 anos antes descobrira o núcleo atômico ao disparar partículas alfa contra folhas de ouro.

linha do tempo

1909	1918	1932	1964
Rutherford realiza o experimento das folhas de ouro	Rutherford isola o próton	Chadwick descobre o nêutron	Gell-Mann propõe o modelo do *quark* para hádrons

Nos anos 1960, físicos não sabiam de que eram feitos os prótons. Murray Gell-Mann havia proposto que eles seriam compostos de três *quarks*, mas a ideia era puramente conceitual: ninguém dava bola para ela entre os experimentalistas. Assim como Rutherford imaginou inicialmente seu átomo como um "pudim de ameixas", também o próton poderia ser uma bola com alguma substância adicionada. Ou, assim como o átomo de Niels Bohr, poderia ser sobretudo espaço vazio habitado por pequenos constituintes.

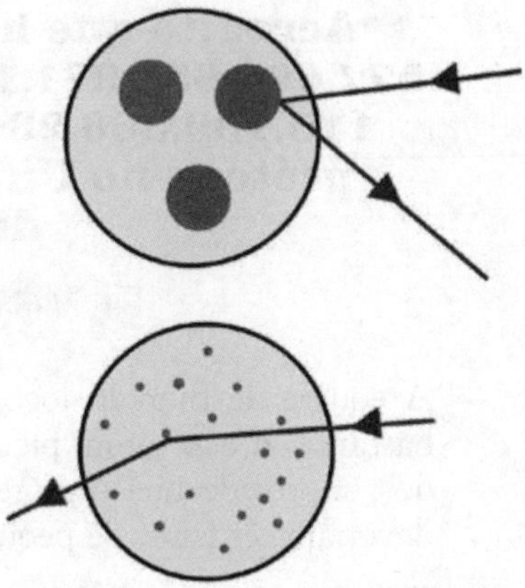

Quarks dentro de um próton rebatem elétrons que de outro modo os atravessariam.

Dois tipos de colisão No acelerador do SLAC, um elétron podia colidir com um próton de duas maneiras. No caso mais simples, o núcleo o rebateria, ambas as partículas ficariam intactas e reagiriam de acordo com a conservação de momento linear. Como a energia cinética não é perdida, isso é descrito como uma colisão elástica. Alternativamente, os elétrons podem sofrer colisões inelásticas, nas quais alguma energia cinética acaba transformada em novas partículas.

Colisões inelásticas podem ser modestas, com o próton ficando essencialmente no mesmo lugar, absorvendo alguma energia do elétron e criando algumas outras partículas como estilhaços. Por outro lado, o elétron poderia perfurar o átomo e rompê-lo – com seu interior explodindo na forma de uma chuva de fragmentos muito maior. Esse processo mais destrutivo é conhecido como "dispersão inelástica profunda". Bjorken se deu conta que isso poderia revelar de que o próton é construído.

Se o próton fosse uma massa macia, após a colisão, os elétrons deveriam se desviar apenas um pouco de suas trajetórias. Se o próton fosse feito de pequenos centros rígidos, então os leves elétrons poderiam ser rebatidos em ângulos bem maiores, assim como Rutherford testemunhou as partículas alfa ricocheteando em núcleos de ouro pesados.

1968
SLAC revela que prótons têm estrutura interna

1973
Glashow e Georgi propõem a grande teoria unificada

1995
O *quark top* é descoberto no Fermilab

> **“Acredito que haja 15,747,724,136,275,002, 577,605,653,961,181,555,468,044,717,914,527, 116,709,366,231,025,076,185,631,031,296 prótons no Universo e o mesmo número de elétrons.”**
>
> Sir Arthur Stanley Eddington, 1938

A equipe de Bjorken logo viu que muitos dos elétrons se desviavam bastante. E eles viram picos na energia relativa dos elétrons dispersados, sugerindo que o próton teria uma estrutura subjacente. Prótons deveriam ser feitos de pequenos grãos.

Físicos também colidem A interpretação dos grãos como sendo os *quarks* não foi imediata. Havia outras possibilidades. Richard Feynman, logo após receber seu prêmio Nobel pelo trabalho com a eletrodinâmica quântica, promoveu um modelo diferente. Ele também questionava se os prótons e outros hádrons seriam feitos de componentes menores, mas chamou sua versão de “pártons” (partes de hádrons).

O modelo de Feynman ainda estava em estágio inicial. Ele não sabia o que eram os pártons, mas imaginava como eles iriam bater durante colisões se o próton e o elétron se achatassem ao experimentarem efeitos relativísticos. Feynman estava convicto de que os resultados do SLAC sustentavam seu modelo do párton e, dada sua popularidade e seu prêmio recente, por algum tempo muitos físicos californianos preferiram acreditar nele.

> **“Pode-se dizer que físicos só amam realizar ou interpretar experimentos de dispersão.”**
>
> Clifford G. Shull, 1994

Mas experimentos adicionais começaram a confirmar o modelo dos *quarks*. Nêutrons se tornaram os próximos alvos e produziram um padrão sutilmente diferente na dispersão de elétrons, implicando que sua composição seria ligeiramente diferente. Muitos anos se passaram e muita discussão foi necessária sobre os testes de definição e sobre como interpretar os dados, mas no final o modelo do *quark* venceu.

Prótons, nêutrons e outros bárions têm três centros de dispersão dentro deles, correspondendo a três *quarks up* ou *down*. Mésons têm dois pontos de dispersão, correspondendo a um *quark* e um antiquark. Os grãos são extremamente compactos – essencialmente pontuais, como o elétron. E eles têm cargas múltiplas de 1/3, consistentes com o modelo do *quark*.

Em 1970, Sheldon Glashow contribuiu para a confirmação quando deduziu a existência do *quark charm* a partir do decaimento de partí-

SHELDON GLASHOW (1932-)

Sheldon Glashow, filho de imigrantes russos, nasceu e cresceu em Nova York. Frequentou a mesma escola que outro físico, Steven Weinberg, com quem ao lado de Abdus Salam compartilhou o prêmio Nobel em 1979. Glashow estudou na Universidade Cornell e concluiu seu doutorado em Harvard, onde estudou sob orientação outro ganhador do Nobel, Julian Schwinger. Glashow desenvolveu a teoria eletrofraca e, em 1964, em colaboração com James Bjorken, foi o primeiro a prever o *quark charm*. Em 1973, Glashow e Howard Georgi propuseram a primeira grande teoria unificada. Cético em relação à teoria das supercordas, que chamava de "tumor", Glashow iniciou uma campanha (fracassada) para manter os teóricos de cordas fora do departamento de física de Harvard.

culas "estranhas" mais pesadas, como o káon. Em 1973, a maioria dos físicos de partículas já aceitava a teoria dos *quarks*.

Permaneciam alguns enigmas: durante as colisões, os *quarks* pareciam se comportar como partículas independentes dentro do núcleo, mas não podiam ser libertados. Por quê? Qual era a cola quântica que os mantinha unidos? E se *quarks* eram férmions, como então dois férmions similares poderiam existir lado a lado dentro de um próton ou de um nêutron? O princípio de exclusão de Pauli deveria impedir isso.

As respostas viriam do próximo avanço na teoria quântica de campos – a cromodinâmica quântica (QCD) ou o estudo das variadas propriedades dos *quarks* e da força forte que os governa.

A ideia condensada: O centro das coisas

29 Cromodinâmica quântica

Com a confirmação da teoria dos *quarks*, começou a busca por uma explicação mais completa da interação forte que rege o comportamento dos prótons e nêutrons no núcleo. A cromodinâmica quântica (QCD) descreve como os *quarks* experimentam a força da "cor", que é mediada pelos glúons.

Nos anos 1970, físicos começavam a aceitar que prótons e nêutrons eram feitos de um trio de componentes menores chamados *quarks*. Originalmente previstos por Murray Gell-Mann para explicar padrões que ele percebia em características das partículas elementares, *quarks* tinham algumas propriedades esquisitas.

Experimentos no Centro do Acelerador Linear de Stanford revelaram a granulação dos prótons em 1968, e depois fizeram o mesmo para os nêutrons ao disparar elétrons velozes contra eles. *Quarks* têm cargas que são de mais ou de menos 1/3 ou 2/3 a da unidade básica, de forma que três deles se somam para dar a carga de +1 do próton ou de 0 do nêutron.

Nos experimentos do SLAC, os *quarks* se comportavam como se estivessem desconectados. Mas eles não poderiam ser arrancados do núcleo – precisavam ficar confinados nele. Partículas com cargas fracionais nunca haviam sido vistas do lado de fora. É como se elas ficassem agitadas dentro do próton, como feijões dentro de um chocalho. O que as estaria mantendo lá dentro?

Um segundo problema era que *quarks* são férmions (com *spin* 1/2). O princípio da exclusão de Pauli diz que dois férmions nunca podem ter as mesmas propriedades. Ainda assim, prótons e nêutrons abrigam dois *quarks up* ou dois *quarks down*. Como isso era possível?

linha do tempo

1961	1964	1968	1973
Gell-Mann publica o Caminho Óctuplo	Gell-Mann propõe o modelo dos *quarks* para hádrons	SLAC revela que prótons têm estrutura	Gross, Wilczek e Politzer publicam a cromodinâmica quântica

Carga de cor Em 1970, Gell-Mann pensava sobre esse problema quando foi passar o verão nas montanhas de Aspen, no Colorado, em um retiro de físicos. Ele percebeu que o problema do princípio da exclusão poderia ser resolvido se ele introduzisse mais um número quântico (como carga, *spin* e outros) para os *quarks*. Ele batizou essa propriedade de "cor". Dois *quarks up*, por exemplo, poderiam coabitar um próton se tivessem cores diferentes.

> **"Para mim, a unidade do conhecimento é um ideal vivo e um objetivo."**
>
> **Frank Wilczek, 2004**

Quarks, ele postulou, têm três cores diferentes: vermelho, verde e azul. Os dois *quarks up* ou *down* similares nos prótons e nêutrons, portanto, teriam cores diferentes e o princípio de Pauli seria preservado. Um próton, por exemplo, poderia conter um *quark up* azul, um *quark up* vermelho e um *quark down* verde.

Como cores se aplicam apenas a *quarks*, não a partículas reais como prótons, a cor final de uma partícula real seria branca – por analogia com as cores da luz. Uma combinação tripla de *quarks* precisaria incluir então vermelho, verde e azul. Antipartículas teriam suas "anticores" equivalentes.

Em 1972, Gell-Mann e Harald Fritzsch encaixaram as três cores de *quark* no modelo do Caminho Óctuplo. Assim como os três sabores e cores, o cenário exigia oito novos transmissores de forças para transmitir a força da cor. Eles foram chamados de glúons. Gell-Mann apresentou seu modelo casualmente em uma conferência em Rochester, Nova York. Mas ele ainda tinha suas dúvidas de que os *quarks* fossem reais, mesmo sem levar em conta cores e glúons.

Liberdade assintótica O problema mais difícil de resolver era o do confinamento dos *quarks* dentro do núcleo. Os experimentos do SLAC mostraram que quanto mais próximos eles estivessem, mais independente ficava seu comportamento. Quanto mais eles se afastassem, mais eles se agarravam uns aos outros.

Esse comportamento é conhecido como "liberdade assintótica", pois com uma separação zero eles teoricamente deveriam ser totalmente livres, sem interagir uns com os outros. Sendo o oposto do que acon-

1974	1977	1979	1995
O *quark charm* é descoberto	O *quark bottom* é descoberto	Jatos de glúons são descobertos	O *quark top* é descoberto

Frank Wilczek (1951-)

Quando era uma criança no Queens, em Nova York, Frank Wilczek adorava quebra-cabeças e brincava tentando achar novas maneiras de trocar dinheiro e desempenhar façanhas matemáticas. Era a época da Guerra Fria e da exploração espacial, e ele se lembra de a casa estar cheia de peças usadas de TVs e rádios, pois seu pai fazia um curso noturno de eletrônica. Educado como católico e tendo "amado a ideia de que havia um grande drama e um grande plano por trás da existência", Wilczek abandonou sua fé e foi buscar significado na ciência.

Apesar de se sentir atraído pela ciência do cérebro, preferiu estudar matemática, na Universidade de Chicago, porque isso lhe daria "maior liberdade". Ele escreveu sobre simetria em seu doutorado em Princeton, onde conheceu David Gross e trabalhou em teorias de interações eletrofracas. Com Gross, Wilczek ajudou a descobrir a teoria básica da força forte, a QCD, e recebeu o prêmio Nobel com David Politzer, em 2004.

tece com forças, como o eletromagnetismo e a gravidade que perdem força com a distância, esse aspecto da força forte era no mínimo contraintuitivo.

Em 1973, David Gross e Frank Wilczek – e, independentemente, David Politzer – conseguiram ampliar o arcabouço da teoria quântica para explicar a liberdade assintótica. Gell-Mann e seus colegas aprimoraram o trabalho e fizeram previsões sobre pequenas discrepâncias nos experimentos de dispersão que estavam sendo feitos no SLAC. Toda a teoria conceitual dos *quarks* se revelou – notavelmente – verdadeira.

A nova teoria precisava de um nome e no verão seguinte Gell-Mann criou um: cromodinâmica quântica, ou QCD. Ele tinha "muitas virtudes e nenhum vício conhecido", disse Gell-Mann.

Nenhum *quark* só Entretanto, a teoria não estava propriamente completa. Ela não explicava por que os *quarks* nunca eram vistos em isolamento ou por que eles ficavam trancados dentro dos núcleos dos hádrons.

Físicos adequadamente criaram uma explicação. Quando *quarks* são arrastados para fora do próton, a força de cor aumenta e os glúons que os mantêm unidos se alongam em fios, como um chiclete esticado.

Se o *quark* continua tentando escapar, esse fio acaba se rompendo e a energia do glúon é convertida em pares de *quark*-antiquark. O *quark* fugitivo pode ser capturado pelo antiquark, sendo absorvido por uma partícula real como um méson. O outro *quark* livre fica no núcleo. *Quarks* individuais jamais podem escapar da força da cor.

"Nós chamamos o novo [quarto] *quark* de '*quark* charmoso' porque ficamos fascinados com a simetria que ele trazia ao mundo subnuclear."

Sheldon Lee Glashow, 1977

Diferentemente de fótons, que não possuem carga elétrica, os glúons têm "carga de cor" e podem interagir uns com os outros. Nas interações de cor, toda uma série de partículas podem ser criadas a partir de pares *quark*-antiquark, e elas tendem a se dispersar mais ou menos na mesma direção. Observações desses "jatos de glúons" confirmaram a existência dos glúons em 1979.

Nos anos seguintes, mais *quarks* foram encontrados: o *quark charm* em 1974, o *quark bottom* em 1977, e finalmente o *quark top* em 1995. A QCD se juntou ao rol das outras teorias quânticas de campo precisas. O que resta a ser descoberto é uma maneira de unificar as três forças principais – o eletromagnetismo e as forças nucleares forte e fraca – para explicar o modelo padrão da física de partículas.

A ideia condensada: Três cores; vermelho, verde e azul

30 O Modelo Padrão

A montagem de uma árvore genealógica complexa, com mais de 60 partículas fundamentais e 20 parâmetros quânticos, foi uma grande realização. Padrões dão pistas sobre as leis subjacentes da natureza. Entretanto, pode ser que existam mais coisas a serem colocadas no Modelo Padrão da física de partículas.

Por volta dos anos 1980, físicos estavam dando os retoques finais no quadro completo sobre a abundância de partículas elementares descobertas no século passado. Enquanto nos anos 1950 e 1960 teóricos foram surpreendidos por aquilo que começava a surgir nos experimentos, nos anos 1970 os aceleradores estavam apenas colocando os pingos nos is e cortando os "ts" do Modelo Padrão da física de partículas que estava se formando.

A partir do pontapé inicial de Niels Bohr na estrutura atômica, elétrons se tornaram estranhas criaturas probabilísticas, respondendo apenas à mecânica quântica, e descritos em termos de funções de onda. O núcleo era ainda mais estranho. Uma série de entidades, desde os *quarks* unidos por glúons elásticos até os bósons W e Z maciços e os neutrinos evasivos, combinava-se para produzir um comportamento familiar como a radioatividade.

Com mais e mais partículas surgindo – primeiro dos estudos de raios cósmicos, depois em aceleradores e colisores baseados em terra –, a intuição matemática de Murray Gell-Mann foi um passo além. Em 1961, seu Caminho Óctuplo expressou simetrias subjacentes nas famílias de partículas, governadas por seus números quânticos. A teoria dos *quarks* e a cromodinâmica quântica se seguiram.

linha do tempo

1946-50	1964	1964	1968
Tomonaga, Schwinger e Feynman desenvolvem a QED	Gell-Mann propõe o modelo do *quark* para hádrons	Surge a proposta do campo de Higgs	SLAC revela estrutura dentro dos prótons

Nos anos 1990, tudo o que restava a ser encaixado nas lacunas básicas do arcabouço do Modelo Padrão era o *quark* top (descoberto em 1995) e o neutrino do tau (descoberto no ano 2000). O bóson de Higgs foi a cereja do bolo, em 2012.

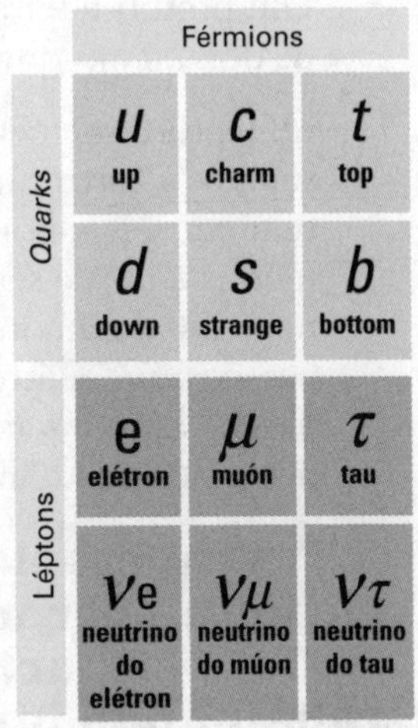

Três gerações O Modelo Padrão descreve as interações de três gerações de partículas de matéria por meio de três forças fundamentais, cada uma mediada por seus próprios transmissores de força. Partículas existem em três tipos básicos: hádrons, como prótons e nêutrons feitos de *quarks*; léptons, que incluem os elétrons; e bósons, como os fótons, associados à transmissão de forças. Cada hádron e lépton tem uma partícula de antimatéria correspondente também.

Quarks também surgem aos trios. Eles possuem três "cores": vermelho, azul e verde. Assim como os elétrons e prótons possuem carga elétrica, *quarks* têm "carga de cor". A força da cor é transmitida por uma partícula de força chamada "glúon".

Em vez de enfraquecer com a distância, a força da cor aumenta quando *quarks* são afastados, como acontece com elásticos. Eles os mantêm tão coesos que *quarks* individuais jamais podem ser separados e não podem existir sozinhos. Qualquer partícula independente feita de *quarks* precisa ter cor neutra – feita de uma combinação de cores que resulta em branco. Partículas como prótons e nêutrons, feitas de três *quarks*, são chamadas "bárions" (de *barys*, "pesado" em grego). Aquelas compostas de pares de *quark*-antiquark são chamadas "mésons".

Quarks têm massa e existem em seis tipos chamados "sabores". *Quarks* são agrupados em três gerações, com três pares complementares. Seus rótulos são circunstâncias da história: "up" e "down", "strange" e "charm", "top" e "bottom". *Quarks* up, charm e top têm carga elétrica +2/3, e os *quarks* down, strange e bottom têm carga de −1/3.

1968
Glashow, Salam e Weinberg propõem a teoria eletrofraca

1973
Gross, Wilczek e Politzer publicam a cromodinâmica quântica

1995
O *quark* top é descoberto

2000
O neutrino do tau é descoberto

Um próton é feito de dois *quarks* up e um down; um nêutron é feito de dois *quarks* down e um up.

Os léptons incluem partículas como elétrons e neutrinos, que não são sujeitas à força nuclear forte. Assim como os *quarks*, os léptons existem em seis sabores e três gerações com massas diferentes: elétrons, múons e taus e seus neutrinos correspondentes (neutrino do elétron, neutrino do múon e neutrino do tau). Múons são duzentas vezes mais pesados que elétrons, e taus 3.700 vezes. Neutrinos quase não têm massa. Léptons como o elétron têm uma carga negativa unitária; neutrinos não têm carga.

“Tapeçarias são feitas por muitos artesãos trabalhando juntos... e também nosso novo panorama da física de partículas.”

Sheldon Lee Glashow, 1979

As partículas transmissoras de forças incluem o fóton, que transporta a força eletromagnética, as partículas W e Z, que transportam a força nuclear fraca, e os glúons ligados à força nuclear forte. Todas elas são bósons e não estão sujeitos ao princípio da exclusão de Pauli, o que significa que podem existir em qualquer estado quântico. *Quarks* e léptons são férmions e estão restritos às regras de Pauli. Fótons não têm massa, glúons são leves, mas as partículas W e Z são relativamente pesadas. A massa do W e do Z surge de outro campo – o campo de Higgs, transmitido pelo bóson de Higgs.

Choque de partículas A descoberta desse zoológico de partículas só foi possível graças à altíssima tecnologia. Com exceção daquelas extraídas dos átomos, as primeiras partículas exóticas surgiram de raios cósmicos, partículas de alta energia no espaço que colidem com a atmosfera da Terra, criando um “chuveiro” de partículas secundárias que físicos podem capturar.

Nos anos 1960, uma série de aceleradores de partículas galgou energias cada vez mais altas, tornando possível criar partículas a partir do zero. Ao disparar feixes velozes de prótons em alvos ou em feixes opostos, novos tipos de partículas poderiam ser geradas nos choques. É preciso atingir altas energias para criar partículas muito maciças, então as últimas a serem descobertas foram, de modo geral, as das gerações pesadas. Também é necessária muita energia para superar a força nuclear forte e libertar temporariamente os *quarks*.

Para identificar as partículas, físicos as conduzem por um campo magnético. Partículas positivas e negativas desviam para direções opostas, uma para a esquerda, outra para a direita. Partículas maciças ou leves, rápidas ou lentas, também são desviadas de modo diferente, algumas formando espirais concentradas.

Questões marcantes O Modelo Padrão se revelou notavelmente robusto e seu desenvolvimento é certamente uma grande realização. Mas físicos ainda não estão cantando vitória. Com 61 partículas e 20 parâmetros quânticos, o modelo é um trambolho. Os valores para esses parâmetros são todos derivados de experimentos em vez de serem previstos teoricamente.

As massas relativas de várias partículas não têm um significado óbvio. Por que o *quark* top é tão mais pesado que o *quark*, por exemplo? E por que a massa do lépton tau é tão maior que a do elétron? Massas específicas parecem ser bastante aleatórias.

As intensidades de várias interações – o poder relativo das forças fraca e eletromagnética, por exemplo – são igualmente imperscrutáveis. Podemos medi-las, mas por que elas têm esses valores?

E ainda há lacunas. O modelo não inclui a gravidade. Postulou-se a existência do "gráviton", a partícula transmissora da força gravitacional, mas é apenas uma ideia. Talvez físicos um dia consigam incluir a gravidade no Modelo Padrão – uma grande teoria unificada (GUT) é um objetivo enorme, mas distante.

Enigmas ainda não explicados pelo Modelo Padrão incluem alguns dos mistérios do Universo, dentre os quais a assimetria entre matéria e antimatéria, a natureza da matéria escura e a energia escura. Ainda temos muito o que aprender, então.

A ideia condensada: Álbum de família das partículas

31 Quebra de simetria

A física é cheia de simetrias. Leis da natureza permanecem inalteradas não importa onde ou quando façamos medições. Simetrias embutidas na maioria das teorias da física se aplicam a partículas ao longo de todo o Universo. Mas às vezes simetrias são rompidas, resultando em distintas massas e orientações das partículas.

Temos familiaridade com o conceito de simetria. As estampas nas asas de uma borboleta são reflexos uma da outra; a simetria da face humana é com frequência considerada bela. Tais simetrias – ou robustez em transformação – embasam muito da física. No século XVII, Galileu Galilei e Isaac Newton presumiram que o Universo funcionaria da mesma maneira em todo lugar – as mesmas regras que se aplicavam aos planetas valeriam para a Terra. Leis da natureza permanecem inalteradas se nos movemos alguns poucos metros ou milhões de anos-luz para a esquerda, se estamos girando ou fixamos nossa orientação.

As teorias da relatividade especial e geral de Albert Einstein são motivadas pelo fato de que o Universo deve ser o mesmo para qualquer observador, não importa onde ele esteja ou quão rápido esteja viajando ou acelerando. As equações clássicas do eletromagnetismo de James Clerk Maxwell exploram simetrias entre campos elétricos e magnéticos, de forma que suas propriedades sejam intercambiáveis a partir de diferentes pontos de vista.

O Modelo Padrão da física de partículas também cresceu por meio de reflexões sobre simetria. Murray Gell-Mann montou o quebra-cabeça das partículas elementares ao encontrar padrões regulares nos números quânticos das partículas. Como resultado, ele previu a existência de trios de *quarks*.

Todos esses três físicos – Einstein, Maxwell e Gell-Mann – desenvolveram suas teorias revolucionárias nutrindo uma profunda fé na ma-

linha do tempo

1873 Maxwell publica as equações do eletromagnetismo

1905 Einstein publica a teoria especial da relatividade

1915 Einstein publica a teoria geral da relatividade

1954 Yang e Mills publicam a teoria de gauge da força forte

1961 Gell-Mann publica o Caminho Óctuplo

temática da simetria. Sua convicção de que a natureza seguiria tais regras os permitiu superar preconceitos ligados a observações e ideias existentes para elaborar teorias totalmente novas, das quais as afirmações suspeitas mais tarde se revelaram verdadeiras.

Simetria de gauge O mundo quântico é cheio de simetrias. Como existe uma desconexão entre aquilo que é observado no mundo real e o que realmente acontece sob a superfície, as equações da mecânica quântica e a teoria quântica de campos precisam ser adaptáveis. As mecânicas de onda e de matriz, por exemplo, precisam prever o mesmo resultado para um experimento, independentemente de como as teorias foram formuladas. Aquilo que se observa – como a carga, a energia ou as velocidades – precisa ser o mesmo, não importa em qual escala descrevemos o campo subjacente.

“A simetria, definida de maneira ampla ou estreita, é a ideia por meio da qual o homem tentou compreender e criar ordem, beleza e perfeição ao longo dos tempos.”

Hermann Weyl, 1980

Essas leis da física precisam ser escritas de forma que as quantidades observadas não sejam afetadas pelas transformações em coordenadas ou em escala (*gauge* ou calibre). Isso é conhecido como “invariância de gauge” ou “simetria de gauge”, e as teorias que obedecem a isso são chamadas teorias de gauge. Enquanto essa simetria se mostra verdadeira, físicos podem rearranjar as equações tanto quanto quiserem para explicar comportamentos.

As equações de Maxwell são simétricas em transformações de escala. A relatividade geral também é. Mas a abordagem foi generalizada de maneira mais poderosa em 1943 por Chen Ning Yang e Robert Mills, que a aplicaram à força nuclear forte. A técnica inspirou a busca de Gell-Mann pela simetria dos grupos de partículas e ganhou aplicação na teoria quântica de campos da força fraca e em sua unificação com o eletromagnetismo na teoria eletrofraca.

Conservação Simetrias são intimamente ligadas a regras de conservação. Se a energia se conserva e precisa estar de acordo com a invariância de gauge, a carga também tem de ser conservada – não

1961
O mecanismo de Higgs é proposto

1968
Glashow, Salam e Weinberg propõem a teoria eletrofraca

1973
Gross, Wilczek e Politzer publicam a cromodinâmica quântica

2012
O bóson de Higgs é detectado

podemos criar uma quantidade fixa de carga se não sabemos qual é a escala absoluta de um campo. Quando descrevemos campos, efeitos relativos são tudo o que importa.

A simetria de gauge explica por que todas as partículas de dado tipo são indistinguíveis. Quaisquer delas poderiam trocar de posição, e jamais saberíamos. De modo similar, fótons estão indissociavelmente interligados, mesmo que pareçam ser distintos.

Outras simetrias importantes para a física são ligadas ao tempo: as leis da natureza são as mesmas hoje e amanhã, e antipartículas são equivalentes a partículas reais que se movem para trás no tempo. E também à paridade: a medida da simetria de uma função de onda, de forma que mesmo a paridade seja simétrica sob reflexão, não é estranha.

Quebra de simetria Simetrias às vezes são quebradas. Por exemplo, a força nuclear fraca não conserva paridade e prefere partículas canhotas (elétrons e neutrinos). A preferência de mão (ou quiralidade) também é uma propriedade dos *quarks* na cromodinâmica quântica (QCD), de forma que uma partícula canhota se move e tem seu *spin* na mesma direção. Matéria e antimatéria estão em desequilíbrio cósmico. E o fato de partículas diferentes terem massas diferentes requer quebra de simetria – do contrário nenhuma delas teria massa.

Assim como a água pode se tornar gelo rapidamente, a quebra de simetria é rápida. Em um ponto crítico, o sistema entra em outro estado que a princípio pode parecer arbitrário. Um exemplo é um lápis equilibrado em sua ponta. Enquanto fica em pé, ele é simétrico – há uma probabilidade igual de que caia para qualquer direção –, mas uma vez que ele cai, ele escolhe uma direção na bússola. A simetria é quebrada.

Outro exemplo é a aparição de um campo magnético em uma barra de ímã. Num pedaço de ferro quente, todos os campos magnéticos internos estão se mesclando e se orientando aleatoriamente, de forma que o bloco como um todo não tem um campo magnético. Mas quando o resfriamos abaixo de um limite conhecido como temperatura de Curie (cerca de 700 °C), os átomos passam por uma "transição de fase", e a maioria deles se alinha em uma direção. O ferro frio ganha então um polo magnético norte e outro sul.

Uma série de transições de fase similares no Universo jovem explica por que temos quatro forças fundamentais hoje e não apenas uma. No calor extremo dos instantes iniciais do Universo, logo após o Big Bang, todas as quatro forças estavam unificadas. Quando o Universo resfriou, da mesma forma que com o ímã, ele passou por transições de fase que quebraram a simetria.

As várias forças surgiram de uma única. A gravidade se separou primeiro, meros 10^{-43} segundos após o Big Bang. Com 10^{-36} segundos, a interação forte apareceu, agrupando os *quarks*. As forças fraca e eletromagnética ficaram combinadas até cerca de 10^{-12} segundos, quando também se dividiram.

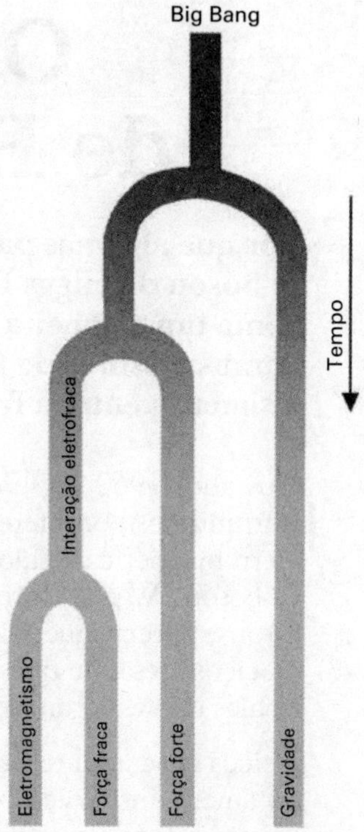

As quatro forças fundamentais se separam por causa de quebras de simetria no Universo primordial.

A energia do Universo nessa transição de fase eletrofraca era de cerca de 100 GeV. Acima dessa energia, os bósons W e Z que carregam a interação fraca e os fótons que transmitem a força eletromagnética eram indistinguíveis – seus equivalentes eram transmissores de interação eletrofraca. Abaixo dessa energia, porém, sabemos que o W e o Z são pesados, enquanto o fóton não possui massa. Suas massas, então, são adquiridas durante o processo de quebra de simetria.

A quebra de simetria explica as diferentes massas dos bósons de calibre – por que alguns são pesados, outros leves e outros sem massa? Sem a quebra de simetria espontânea, todos eles seriam desprovidos de massa. O mecanismo envolvido nisso é conhecido como campo de Higgs, em referência ao físico Peter Higgs, que elaborou a ideia nos anos 1960.

A ideia condensada: Quebra da ordem

32 O bóson de Higgs

Por que algumas partículas têm mais massa que outras? O bóson de Higgs foi postulado por Peter Higgs em 1964 como uma maneira de dar inércia a partículas. Ele se agarra a transmissores de forças, como os bósons W e Z, e quebra a simetria entre a força fraca e o eletromagnetismo.

Nos anos 1960, já se sabia que as quatro forças fundamentais eram transmitidas por diferentes partículas. Os fótons medeiam interações eletromagnéticas, glúons conectam *quarks* pela força nuclear forte e os bósons W e Z carregam a força nuclear fraca. Diferentemente de fótons, porém, que não têm nenhuma massa, os bósons W e Z são maciços, pesando quase cem vezes mais que um próton. Por que partículas têm essa gama de massas?

Físicos buscaram resposta na simetria. O teórico japonês naturalizado americano Yoichiro Nambu e o físico britânico Jeffrey Goldstone propuseram que um mecanismo de quebra de simetria espontânea teria gerado uma sequência de bósons durante a separação das forças. Ainda assim, em seus modelos, esses bósons não tinham massa – por implicação, todos os transmissores de forças seriam como o fóton.

Mas isso não fazia sentido. Transmissores de forças maciços são necessários para forças de curto alcance, os físicos imaginaram. Bósons sem massa, como o fóton, podem viajar por grandes distâncias, enquanto as forças nucleares são obviamente localizadas. Se as forças forte e fraca tivessem transmissores maciços, isso poderia explicar seu curto alcance.

Ao comentar a futilidade de gerar transmissores de força a partir do vácuo, como Nambu e Goldstone haviam feito, seu colega Steven

linha do tempo

1687
Newton elabora equações para a massa

1961
Goldstone propõe que bósons são produzidos durante quebras de simetria

1964
Higgs e outros dois grupos publicam um mecanismo para massa

Weinberg usou uma citação do *Rei Lear*, de Shakespeare: "Nada vem do nada".

Phil Anderson, um físico de matéria condensada, fez uma sugestão baseada em pares de elétrons em supercondutores. Os bósons sem massa de Nambu e Goldstone deveriam acabar anulando-se uns aos outros, ele pensou, de forma que sobrassem aqueles com massas finitas.

"Partícula de Deus"

O físico Leon Lederman, ganhador do Nobel, chamou o bóson de Higgs de "a partícula de Deus" em seu livro homônimo.

Uma enxurrada de estudos ampliando essa ideia veio em 1964, escritos por três equipes: os físicos Belgas Robert Brout e François Englert trabalhando na Universidade Cornell, o físico britânico Peter Higgs na Universidade de Edimburgo e Gerald Guralnik, Carl Hagen e Tom Kibble no Imperial College de Londres. O mecanismo que eles elaboraram é hoje conhecido como mecanismo de Higgs.

Apesar de todos os três grupos estarem fazendo cálculos similares, Higgs se antecipou em descrever o mecanismo em termos de um bóson – o bóson de Higgs.

Bóson de Higgs Higgs imaginou os bósons W e Z sendo desacelerados ao passarem por um campo de força de fundo. Hoje conhecido como campo de Higgs, ele é mediado pelos bósons de Higgs. Por analogia, uma bola de gude despejada sobre um copo de água cai mais devagar ali do que no ar. É como se a bola tivesse mais massa dentro da água – a gravidade leva mais tempo para arrastá-la através do líquido. A bola pode afundar ainda mais devagar em um copo de xarope. O campo de Higgs age da mesma maneira, como um melado.

Ou então, imagine uma celebridade chegando a um coquetel. A estrela mal conseguiria atravessar a porta se fosse cercada de fãs, que tornariam mais lento seu movimento ao longo do salão. Os bósons W e Z são partículas com apelo de estrelato: o campo de Higgs age mais fortemente sobre eles do que sobre os fótons, portanto eles parecem ser mais pesados.

Cano fumegante Pistas do bóson de Higgs foram detectadas em 2011, mas os sinais só tiveram confirmação convincente em 2012 –

2009
O LHC é ligado

2012
O bóson de Higgs é detectado

PETER HIGGS (1929-)

Nascido em Newcastle upon Tyne, no Reino Unido, Peter Higgs teve uma infância difícil. Mudando de casa constantemente por causa do emprego de seu pai como engenheiro de som da BBC e também por causa da Segunda Guerra Mundial, ele estudou em casa. Depois disso, foi para a mesma escola secundária que Paul Dirac havia frequentado. Higgs estudou física no King's College de Londres e se tornou professor da Universidade de Edimburgo em 1960. Ele teve sua famosa ideia do bóson que dava massa às partículas enquanto caminhava nos planaltos escoceses em 1964.

para grande festa. Foram necessárias duas décadas para construir uma máquina capaz de encontrar o bóson de Higgs, porque energias com as quais ele deveria existir eram muito altas (mais de 100 GeV). Em 2009, após vários bilhões de dólares investidos, o LHC (Grande Colisor de Hádrons) foi inaugurado no CERN, na Suíça, e começou a operar.

O CERN (Conseil Européen pour la Recherche Nucléaire – Organização Europeia para Pesquisa Nuclear) é uma grande instalação de física de partículas perto de Genebra. Cerca de 100 metros abaixo da superfície na fronteira franco-suíça está seu túnel de 27 km em anel, por meio do qual passam os feixes de partículas acelerados por ímãs supercondutores gigantes.

Dois feixes de prótons opostos se chocam um contra o outro de frente. As enormes energias produzidas na colisão permitem que uma série de partículas maciças seja liberada temporariamente no evento e seja registrada por detectores. Como o bóson de Higgs é pesado, ele só pode aparecer sob energias extremas e, em razão do princípio da incerteza de Heisenberg, por muito pouco tempo. A assinatura da partícula de Higgs precisaria ser deduzida a partir de bilhões de assinaturas de outras partículas. Por isso a busca foi difícil.

> **“[O Grande Colisor de Hádrons] é o Jurassic Park para os físicos de partículas... Algumas partículas que eles estão produzindo agora, ou vão produzir, não foram vistas por aí nos últimos 14 bilhões de anos.”**
>
> **Phillip Schewe, 2010**

Em 4 de julho de 2012, duas equipes de experimentos do CERN anunciaram ter visto uma nova partícula com a energia esperada para o bóson de Higgs de acordo com o Modelo Padrão (126 GeV). A identidade da partícula precisa ser confirmada por outras medições, mas sua aparição é um marco. Além de ser mais uma confirmação para o Modelo Padrão, ela abre uma série de novas questões para físicos de partículas explorarem.

Primeiro, como exatamente o bóson de Higgs confere massa? Dos neutrinos ao *quark* top, há quatorze ordens de magnitude de massa que o Modelo Padrão precisa explicar. E depois, como o bóson de Higgs adquire sua própria massa? Fique ligado.

A ideia condensada: Navegando no melado

33 Supersimetria

A deselegância do Modelo Padrão levou à busca por uma teoria mais básica de partículas e forças físicas. A supersimetria supõe que cada partícula tenha um parceiro supersimétrico, idêntico, exceto pelo *spin* quântico. Assim como com a antimatéria, a introdução dessas novas partículas torna as equações quânticas de campos mais fáceis de resolver e mais flexíveis.

O Modelo Padrão fez um trabalho notável de interligar as variadas propriedades de mais de 60 partículas elementares. Assim como numa caixa de bombons finos, as partículas podem ser agrupadas em fileiras de acordo com seu estilo. Mas o Modelo Padrão permanece muito complicado e físicos prezam pela simplicidade.

Há muitas questões em aberto. Por exemplo, por que tantas propriedades surgem em conjuntos de três? Por que há três gerações de léptons – elétrons, múons e taus e seus neutrinos correspondentes? Duas gerações já eram demais segundo I. I. Rabi, prêmio Nobel de física, que perguntou "quem encomendou o múon?" após sua descoberta. As três gerações de *quarks* também precisam de explicação.

Por que partículas têm um espectro de massas tão amplo? Do elétron ao *quark* top, férmions se estendem por seis ordens de magnitude em massa. A descoberta recente das oscilações de neutrinos – mostrando que neutrinos têm uma pequena massa – expande o espectro de massas para 13 ou 14 ordens de magnitude. Com tantas possibilidades, por que qualquer uma das partículas tem a massa que tem?

As intensidades das quatro forças fundamentais – relacionadas à massa de suas partículas transmissoras – também são impossíveis de prever no Modelo Padrão. Por que, exatamente, a força forte é forte e a força fraca é fraca? E o bóson de Higgs? Sua existência foi deduzida com o propósito de quebrar a simetria nas interações eletrofracas. Até agora só sabemos de um bóson de Higgs. Mas poderiam haver

linha do tempo

1927	1961	1981
Dirac propõe a antimatéria	Murray Gell-Mann publica o Caminho Óctuplo	Surge uma versão supersimétrica do Modelo Padrão

mais partículas como ele. E o que mais pode existir? Mesmo que existam regularidades nos padrões que o Modelo Padrão sustenta, todo o arcabouço parece ter sido construído sob medida.

Além do modelo padrão A bagunça do Modelo Padrão sugere que ainda não chegamos lá – que um dia vamos perceber que o modelo é uma parte pequena de uma teoria mais ampla e elegante. Físicos estão novamente se voltando a definições básicas e conceitos como a simetria para tentar ver quais qualidades uma teoria tão abrangente deveria ter.

Ao procurar uma base mais fundamental para entender alguns fenômenos, físicos tendem a olhar para escalas cada vez menores. A física dos gases ideais, a pressão e a termodinâmica requerem uma compreensão de processos moleculares, e teorias de átomos exigem uma compreensão de elétrons e núcleos.

Consideremos o elétron. Físicos podem usar as equações do eletromagnetismo para explicar suas propriedades a certa distância da partícula, mas quanto mais perto se chega do elétron, mais a influência do elétron sobre si próprio passa a dominar. Como mostra a fina estrutura das linhas espectrais do hidrogênio, a carga, o tamanho e a forma do elétron são importantes.

Como mostrou a trilha do desenvolvimento da eletrodinâmica quântica, foi preciso uma visão quantomecânica do elétron como função de onda, incluindo os efeitos da relatividade especial, para descrever suas propriedades. Paul Dirac conseguiu expressar isso em 1927, mas o novo retrato trouxe uma consequência importante – a existência da antimatéria. O número de partículas do Universo dobrou e várias novas interações poderiam ser consideradas.

A equação para elétrons só fazia sentido se os pósitrons também existissem com propriedades quânticas, que são o inverso do elétron. Para um período que depende do princípio da incerteza de Heisenberg, elétrons e pósitrons podem surgir do nada no vácuo, para depois se aniquilarem. Essas interações virtuais resolvem problemas como o do tamanho de um elétron, que de outra forma criariam discrepâncias na teoria.

2009 O LHC é ligado

2012 O bóson de Higgs é detectado

> **"Mas mesmo que as simetrias estejam escondidas de nós, podemos sentir que elas estão latentes na natureza, governando tudo sobre nós. Essa é a ideia mais empolgante que conheço: a de que a natureza é muito mais simples do que parece ser."**
>
> **Albert Einstein, *Sidelights***

Para irmos além do Modelo Padrão, precisamos considerar processos em escalas menores e energias maiores do que as mais extremas que se pode conhecer agora, ou seja, a do bóson de Higgs (cuja energia excede os 100 GeV). Assim como com o elétron, físicos precisam perguntar qual é a aparência real de um bóson de Higgs e como sua forma e seu campo afetam seu comportamento de perto.

Partículas gêmeas Novamente, assim como o elétron e o pósitron, a solução para esse problema da física requer outra duplicação no número de partículas possíveis – de modo que cada partícula tenha uma parceira "supersimétrica" (com o mesmo nome seguido do prefixo "s"). A parceira supersimétrica do elétron é chamada selétron, e os *quarks* têm *squarks*. Os equivalentes do fóton e dos bósons W e Z são chamados de fotino, wino e zino.

A supersimetria (frequentemente abreviada como SUSY), é uma relação de simetria entre bósons e férmions. Cada bóson – ou partícula com um *spin* inteiro – tem um férmion correspondente, seu "superparceiro", cujo *spin* difere por meia unidade, e vice-versa. Com exceção do *spin*, todos os números quânticos e as massas são os mesmos para os superparceiros.

Apesar de tentativas terem sido feitas na década de 1970, a primeira versão supersimétrica realista do Modelo Padrão foi desenvolvida em 1981 por Howard Georgi e Savas Dimopoulos. Para bósons, ela prevê uma gama de superparceiras com energias entre 100 e 1.000 GeV, ou seja, logo acima ou similar à do Higgs. Assim como com o pósitron, a existência dessas partículas supersimétricas cancelaria irregularidades nas descrições de partículas muito próximas.

A ponta mais baixa dessa faixa de energia é acessível agora pelo Grande Colisor de Hádrons no CERN. Até 2012, não havia evidência de partículas supersimétricas. Veremos o que vai acontecer quando a energia do colisor for ampliada dentro de alguns anos.

Se as superparceiras permanecerem fora de alcance, físicos poderão especular que elas possuem massas ainda maiores que seus parceiros do Modelo Padrão. Nesse caso, a supersimetria precisaria ser quebrada, sugerindo mais um nível de partículas que precisa ser explorado.

Ao final, a supersimetria poderia ajudar a unificar as interações forte, fraca e eletromagnética, talvez incluindo até a gravidade. As abordagens complementares da teoria das cordas e da gravidade quântica teriam de incorporá-la, sobretudo se evidências de partículas supersimétricas surgirem.

Superparceiras escuras

Apesar de a teoria permanecer especulativa, a supersimetria tem algumas características sedutoras. As superparceiras não detectadas são boas candidatas a explicar o que é a fantasmagórica matéria escura que assombra o universo. A matéria escura compõe a maior parte da massa do Universo, mas só se revela pelo efeito gravitacional. De outra forma é invisível.

A ideia condensada: Simetria de *spin*

34 Gravidade quântica

O Santo Graal de uma teoria das quatro forças fundamentais está fora de nosso alcance. Mas isso não impediu os físicos de tentarem emendar a teoria quântica na relatividade geral. Tais teorias de gravidade quântica ainda estão muito longe de se completarem, mas sugerem que o espaço deve ser um tecido feito de pequenos nós costurados.

Quando Albert Einstein apresentou sua teoria de relatividade geral em 1915, reconheceu que ela precisaria ser reconciliada com a emergente teoria quântica do átomo. Assim como planetas são capturados pela gravidade do Sol, elétrons também deveriam se sujeitar à força gravitacional além das forças eletromagnéticas que os mantêm em suas camadas. Einstein dedicou grande parte de sua vida a desenvolver uma teoria quântica da gravidade. Mas ele não foi capaz de fazê-lo – nem ninguém até hoje.

Após Einstein, Leon Rosenfeld, pupilo de Niels Bohr, deu início ao processo na década de 1930, quando a mecânica quântica foi posta na mesa. Obstáculos fundamentais imediatamente foram identificados. O primeiro é que a relatividade geral não está amarrada a um pano de fundo fixo, enquanto a mecânica quântica está.

A relatividade se aplica a todos os objetos com massa, como planetas, estrelas, galáxias e qualquer matéria Universo afora. Suas equações não distinguem espaço de tempo, tratando-os como quatro dimensões de uma entidade contínua chamada espaço-tempo. Objetos maciços se movem dentro desse tecido, distorcendo-o de acordo com sua massa. Mas não há uma grade de coordenadas absoluta. Como seu nome sugere, a teoria da relatividade geral explica os movimentos relativos de um objeto em relação a outro no espaço-tempo encurvado.

linha do tempo

1915
Einstein publica a teoria da relatividade geral

1957
Misner propõe duas maneiras de elaborar a gravidade quântica

1966
DeWitt publica a função de onda do Universo

Para a mecânica quântica, por contraste, é importante saber onde e quando uma partícula se localiza. Funções de onda são ditadas pelos seus arredores e evoluem com ele. Cada partícula dentro de uma caixa e cada elétron dentro de um átomo têm uma função de onda diferente. Na visão quântica, o espaço não é vazio nem uniforme, é um mar de partículas quânticas virtuais, que aparecem e somem.

“A velocidade da luz é para a teoria da relatividade o que o *quantum* elementar de ação é para a teoria quântica: seu centro absoluto.”

Max Planck, 1948

Assim como foi fundamentalmente difícil emparelhar a mecânica de matriz de Heisenberg com a equação de onda de Schrödinger porque uma era discreta e a outra era contínua, reconciliar a mecânica quântica com a relatividade é como comparar laranjas com bananas.

Há áreas em que a desconexão é maior. Tanto a relatividade geral quanto a mecânica quântica implodem ou se tornam inconsistentes quando atingem ou se aproximam de singularidades como os buracos negros. Segundo, como o princípio da incerteza de Heisenberg significa que a velocidade e a posição de uma partícula não podem ser conhecidas com certeza, é impossível dizer que gravidade ela sente. Terceiro, o tempo tem um significado diferente na mecânica quântica e na relatividade geral.

Espuma quântica O trabalho com teorias quânticas de gravidade ganhou tração nos anos 1950. O físico John Wheeler, da Universidade de Princeton, e seu aluno Charles Misner usaram o princípio da incerteza de Heisenberg para descrever o espaço-tempo como uma “espuma quântica”. Na escala do ultraminúsculo, eles propuseram que o espaço-tempo se contorce num emaranhado de túneis, cordas, nós e calos. Em 1957, Misner percebeu que havia dois modos de prosseguir. No primeiro, a relatividade geral poderia ser reescrita em uma forma de cálculo mais parecida com a mecânica quântica. Essa teoria poderia ser quantizada, então. A alternativa seria expandir teorias de campos quânticos para incluir a gravidade, seguindo uma trilha similar à da eletrodinâmica quântica e das tentativas para incluir as forças nucleares. Seria necessária uma nova partícula transmissora de força – o gráviton.

1981
Hawking desenvolve seu modelo do Universo sem fronteiras

1986
Smolin e Jacobson propõe a gravidade quântica em loop

1992
São mapeadas as anisotropias da radiação cósmica de fundo

BRYCE DEWITT (1923-2004)

Nascido na Califórnia, Bryce DeWitt estudou física sob orientação de Julian Schwinger na Universidade de Harvard. Lutou na Segunda Guerra como aviador naval e, depois de várias posições, foi parar na Universidade do Texas, em Austin, onde dirigiu um centro para teoria da relatividade geral. DeWitt formulou a equação de Wheeler-DeWitt para a função de onda do universo com John Wheeler e aprimorou a interpretação dos muitos mundos de Hugh Everett para a mecânica quântica. Alpinista habilidoso, DeWitt criou um curso de verão influente em Les Houches, na França. Ao longo da vida, trabalhou próximo de sua mulher, a físico-matemática Cécile DeWitt-Morette.

Em 1966, Bryce DeWitt, que tinha estudado com Julian Schwinger, tomou um caminho diferente após uma conversa com Wheeler. Familiarizado com cosmologia – e com a recente descoberta da radiação cósmica de fundo de micro-ondas – DeWitt publicou uma função de onda para o Universo. Ela é conhecida hoje como equação de Wheeler-DeWitt. Ele usou as equações da expansão do Universo após o Big Bang e tratou o cosmo como um mar de partículas.

O estranho resultado disso é que não foi preciso incluir o tempo na formulação de DeWitt. Ele apenas precisou de três coordenadas de espaço – tempo era apenas uma manifestação de estados do Universo em transformação, que percebemos como uma sequência. Assim como Schrödinger sofreu para compreender o que sua equação de onda significava, DeWitt não podia explicar o que sua função de onda universal estava descrevendo na realidade. Apesar de a interpretação de Copenhague conectar os mundos clássico e quântico, quando se trata do Universo inteiro não há nada com o que compará-lo. Não existiria um "observador externo", cuja atenção faria a função de onda cósmica colapsar.

Outros físicos trabalharam no problema, incluindo Stephen Hawking, que elaborou uma descrição do Universo que não possuía fronteira – nem ponto de início. Ao participar de um congresso no Vaticano em 1981, sua intenção aparentemente não era a de contrariar o pedido do papa para que cosmólogos se restringissem a estudar o Universo depois de sua criação – Hawking não precisava de um criador.

Uma nova maneira de formular as equações da relatividade surgiu em 1986, em um workshop sobre gravidade quântica em Santa Barbara, na Califórnia. Lee Smolin e Theodore Jakobson, posteriormente com Carlo Rovelli, depararam-se com um conjunto de soluções para as equações baseado em "laçadas quânticas", ou loops, no campo gravitacional.

Loops quânticos Os loops eram um *quanta* de espaço. Eles dispensavam a necessidade de uma locação precisa, porque não fazia diferença se os loops estivessem deslocados. O tecido do espaço seria uma malha de loops, trançados e conectados.

O conceito de loop aparecia em outros disfarces, durante o desenvolvimento da cromodinâmica quântica e no trabalho de Roger Penrose para explicar as redes de interações de partículas. Na gravidade quântica, esses estados de loop se tornam *quanta* de geometria. Eles são os menores componentes do Universo – seu tamanho e energia são conhecidos como escala de Planck.

A gravidade quântica em loop é um passo na direção de uma teoria abrangente, apesar de estar ainda muito distante. Ela ainda não diz nada sobre o gráviton, por exemplo. As outras rotas, como a teoria das cordas, ainda estão sendo exploradas.

Por causa das enormes energias necessárias para achar o gráviton ou qualquer partícula envolvida na época em que a gravidade se separou das outras forças, físicos podem apenas sonhar em investigar a gravidade quântica em colisores de partículas. Então, não existe evidência experimental para sustentar nenhum dos modelos.

Por enquanto, a melhor aposta é estudar objetos astronômicos, especialmente buracos negros. Alguns buracos negros emitem jatos de partículas; acredita-se que sejam pares de elétrons e pósitron espalhados quando matéria é absorvida. No entorno de buracos negros a gravidade é muito forte e efeitos incomuns que violam a teoria da relatividade podem vir a ser observados.

Alternativamente, o fundo cósmico de micro-ondas é uma área de caça – suas manchas de áreas frias e quentes foram produzidos por variações quânticas no Universo jovem.

A ideia condensada: *Quanta* de espaço

35 Radiação Hawking

Buracos negros são abismos espaciais tão fundos que deles nem a luz consegue escapar. A não ser quando as incertezas quânticas o permitem. Stephen Hawking propôs que buracos negros podem irradiar partículas – e informação –, fazendo com que finalmente encolham.

Por volta dos anos 1970, teorias de gravidade quântica estavam na lama. Bryce DeWitt referia-se a sua equação de onda do Universo como "aquela maldita equação" – ninguém sabia o que ela significava. Físicos da relatividade geral voltaram sua atenção aos buracos negros. Na metade dos anos 1960, postulava-se que buracos negros fossem a fonte de energia dos recém descobertos quasares – galáxias cujos centros eram tão brilhantes que superavam o brilho de todas as suas estrelas.

A ideia do buraco negro foi desenvolvida no século XVIII pelo geólogo John Michell e pelo matemático Pierre-Simon Laplace. Mais tarde, depois de Einstein ter proposto suas teorias da relatividade, Karl Schwarzschild sugeriu com o que um buraco negro se pareceria: um fosso no espaço-tempo. Na teoria da relatividade geral de Einstein, o espaço e o tempo eram interligados e se comportavam como uma grande folha de borracha. A gravidade distorce a folha de acordo com a massa de um objeto. Um planeta pesado fica em uma vala no espaço-tempo e sua atração gravitacional é equivalente à força que você sente quando rola para dentro da vala, talvez curvando sua trajetória ou colocando-o em órbita.

> **"Deus não apenas joga dados, mas também às vezes os joga onde ninguém pode vê-los."**
>
> **Stephen Hawking, 1977**

Horizonte de eventos Buracos negros são chamados assim porque nem a luz consegue escapar de sua atração. Se você arremessar uma bola para cima, ela atingirá certa altitude e depois cairá de volta ao chão.

linha do tempo

1784	1930	1965	1967
Michell deduz a possibilidade de estrelas negras	A existência de estrelas congeladas é prevista	Quasares são descobertos	Wheeler rebatiza as estrelas congeladas como buracos negros

Quanto mais rápido você a atirar, mais alto ela irá. Se você a tivesse atirado com velocidade suficiente, ela escaparia à gravidade da Terra e seguiria para o espaço. A velocidade necessária para conseguir fazer isso, chamada de "velocidade de escape", é de 11 km/s (ou 40.000 km/h).

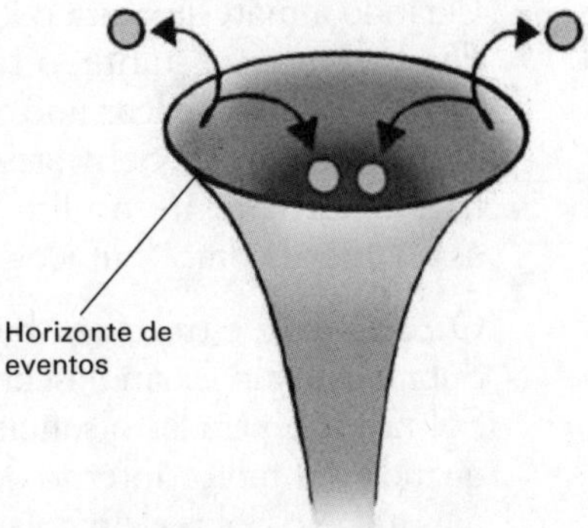

Um membro de um par de partícula-antipartícula formado perto do horizonte de eventos pode escapar da atração do buraco negro.

Um foguete precisa atingir essa velocidade se deseja escapar da Terra. A velocidade de escape é mais baixa para quem está na Lua, que é menor: 2,4 km/s seriam suficientes. Mas se você está em um planeta mais maciço, a velocidade de escape aumenta. Em um planeta pesado o suficiente, a velocidade de escape seria maior do que a velocidade da luz.

Se você passar perto de um buraco negro, sua trajetória poderia fazer uma curva em sua direção, mas não necessariamente você cairia nele. Mas caso você passe muito perto, provavelmente iria espiralar para dentro dele. Um fóton de luz teria o mesmo destino. A distância crítica que separa esses dois resultados é chamada de "horizonte de eventos". Qualquer coisa que caia dentro do horizonte de eventos fica presa no buraco negro.

Estrelas congeladas Se você observasse um pedaço de matéria caindo dentro de um buraco negro, veria seu progresso empacar. O tempo se reduz perto dele. Raios de luz viajando na vizinhança do buraco negro levam mais tempo para viajar pelo cenário de espaço-tempo encurvado e chegam a nós.

> **"Os buracos negros na natureza são os mais perfeitos objetos macroscópicos que existem no Universo: os únicos elementos e sua constituição são nossos conceitos de espaço e de tempo"**
>
> **Subrahmanyan Chandrasekhar, 1983**

1974 Hawking propõe que buracos negros emitem radiação

1997 Preskill aposta que informação não é perdida em buracos negros

2004 Hawking se diz derrotado na aposta

Quando a matéria cruza o horizonte de eventos, a partir de um ponto de observação distante, o tempo para ela é suspenso de repente. Vemos material empacar imóvel bem no ponto em que ele cai. Nos anos 1930, Einstein e Schwarzschild previram a existência de "estrelas frias"; eternamente no limite de colapsarem. O físico John Wheeler as rebatizou como "buracos negros" em 1967.

O colapso de estrelas em buracos negros foi detalhado pelo astrofísico Subrahmanyan Chandrasekhar. Ele mostrou que estrelas como o nosso Sol não são pesadas o suficiente para implodirem sob seu próprio peso quando seu motor interno de fusão se desligar. Aquelas com 40% mais massa que o Sol podem colapsar. Mas elas seriam sustentadas pela pressão quântica em razão o princípio da exclusão de Pauli – formando anãs brancas e estrelas de nêutrons. Apenas estrelas com mais de três vezes a massa do Sol podem encolher o suficiente para produzir buracos negros.

A existência de buracos negros no espaço não foi comprovada até os anos 1960. Apesar de serem escuras, há maneiras de mostrar que elas estão lá. Os campos gravitacionais intensos dos buracos negros atraem outros objetos, como estrelas, em sua direção. E gás também pode ser atraído, aquecendo-se e brilhando ao se aproximar.

Um buraco negro gigante está localizado no centro de nossa galáxia. Ele tem a massa de um milhão de sóis comprimidos em um raio de aproximadamente 10 milhões de quilômetros (30 segundos-luz) apenas. Astrônomos rastrearam as órbitas de estrelas que se movem perto do buraco e as viram mudar de curso de repente ao chegar muito perto. Assim como cometas têm órbitas alongadas por serem arremessados para longe quando passam perto do Sol, essas estrelas no coração da Via Láctea também têm trajetórias estranhas em torno do buraco negro.

Buracos negros são os motores centrais nos quasares. O gás que cai na direção do buraco negro fica superaquecido e brilha com intensidade. Buracos negros com massas estelares também podem ser identificados

STEPHEN HAWKING (1942-)

Nascido durante a Segunda Guerra Mundial, Stephen Hawking foi criado em Oxford e St. Alpans, na Inglaterra. Hawking cursou física na Universidade de Oxford e se mudou para Cambridge para trabalhar em cosmologia com Dennis Sciama. Ele assumiu a cadeira lucasiana de matemática, de Isaac Newton, de 1979 até 2009. Diagnosticado com esclerose lateral amiotrófica, uma doença neuromotora, aos 21 anos, Hawking surpreendeu médicos e hoje é tão famoso como celebridade cadeirante e por sua voz computadorizada quanto o é por sua ciência. As ideias de Hawking incluem a radiação de buracos negros e a teoria do Universo sem fronteiras.

pela detecção de raios X emitidos pelo gás que as circula.

Evaporação de buracos negros Mesmo que buracos negros não estejam encobertos por gás, eles não são completamente negros. Efeitos quânticos significam que há uma chance de alguma radiação escapar, como afirmou Stephen Hawking nos anos 1970.

Espaguetificção

Cair em um buraco negro foi comparado a um processo de "espaguetificação". Como seus lados são tão inclinados, existe um gradiente de gravidade muito forte num buraco negro. Se você caísse dentro dele com seus pés primeiro, os pés seriam atraídos mais do que sua cabeça, e seu corpo seria então esticado como em um instrumento de tortura. Some-se a isso alguma rotação e você seria puxado como chiclete para um feixe de espaguete.

Partículas e antipartículas estão sendo continuamente criadas e destruídas no vácuo do espaço, de acordo com o princípio da incerteza de Heisenberg. Se elas surgirem perto de um horizonte de eventos é possível que uma caia nele e outra escape. Essa radiação fugitiva é conhecida como radiação Hawking. Como os buracos negros perderiam energia ao irradiar partículas, eles encolheriam lentamente. Ao longo de bilhões de anos eles poderiam evaporar por completo.

Mas a história não para aí. Se um objeto cair no buraco negro, o que acontecerá com a informação que ele contém? Ela será perdida para sempre ou algumas de suas propriedades quânticas serão preservadas e emitidas na radiação Hawking? Se uma partícula de um par emaranhado cair lá dentro, sua parceira ficaria sabendo?

Hawking acreditava que a informação quântica seria destruída. Outros físicos discordavam veementemente. Uma famosa aposta foi feita. Em 1997, John Preskill apostou contra Hawking e Kip Thorne que a informação não seria perdida nos buracos negros.

Em 2004, Hawking publicou um trabalho alegando ter resolvido o paradoxo – mostrando que efeitos quânticos no horizonte de eventos permitiriam à informação escapar do buraco negro. Ele enviou a Preskill uma enciclopédia a partir da qual "informação pode ser retirada à vontade". Thorne, porém, ainda não se convenceu da solução e não desistiu de seu lado na aposta.

A ideia condensada: Buracos não tão negros

36 Cosmologia quântica

O Universo é energético e suas origens compactas significam que efeitos quânticos devem ter deixado uma marca em suas propriedades de grande escala. As misteriosas matéria escura e energia escura podem resultar de partículas exóticas e de flutuações no vácuo do espaço; e a inflação cósmica também pode ter tido uma base quântica.

Voltando no tempo, o Universo fica menor e mais denso no passado. Há cerca de 14 bilhões de anos, tudo nele estaria esmagado em um ponto. Sua explosão a partir desse momento foi batizada de "Big Bang" – originalmente por zombaria – pelo astrônomo britânico Fred Hoyle, em 1949.

A temperatura do Universo um segundo após o Big Bang era tão alta que átomos eram instáveis, e apenas suas partículas constituintes existiam numa sopa quântica. Um minuto depois, *quarks* se agruparam para formar prótons e nêutrons. Dentro de três minutos, prótons e nêutrons se combinaram de acordo com seus números relativos para produzir hidrogênio, hélio e traços de átomos de deutério (hidrogênio pesado), lítio e berílio. Mais tarde, as estrelas providenciariam os elementos mais pesados.

Fundo de micro-ondas Outro pilar de sustentação da ideia do Big Bang foi a descoberta, em 1965, de um tênue eco de sua bola de fogo – o fundo cósmico de micro-ondas. Arno Penzias e Robert Wilson estavam trabalhando em um receptor de rádio nos Laboratórios Bell em Nova Jersey, quando detectaram uma fonte fraca de micro-ondas vinda de todas as direções no céu. A origem dos fótons era o Universo jovem quente.

A existência de uma aurora tênue de micro-ondas após o Big Bang, prevista em 1948 por Gamow, Alpher e Robert Hermann, originou-se na época em que os primeiros átomos se formaram, cerca de 400

linha do tempo

1915
Einstein publica a teoria da relatividade geral

1929
Hubble prova que o Universo está em expansão

1949
Hoyle cunha o termo "Big Bang"

1965
Penzias e Wilson detectam o fundo cósmico de micro-ondas

mil anos após a explosão. Antes disso, o Universo era cheio de partículas carregadas – prótons e elétrons voavam desconectados. Esse plasma criava uma névoa impenetrável, que dispersava fótons de luz. Quando os átomos se formaram, a névoa se assentou e o Universo se tornou transparente. A partir de então, a luz podia viajar livre pelo Universo. Apesar de o Universo jovem ter se originado quente (com cerca de 3.000 Kelvins), a expansão do Universo fez seu brilho sofrer um desvio para o vermelho, e hoje o que enxergamos é uma temperatura de menos de 3 K (três graus acima do zero absoluto).

Nos anos 1990, o satélite COBE da Nasa mapeou áreas frias e quentes no fundo de micro-ondas, que diferiam da temperatura média de 3 K em menos de um centésimo de milésimo. Essa uniformidade é surpreendente, porque quando o Universo era muito jovem, regiões distantes dele não podiam se comunicar mesmo à velocidade da luz. Essas pequenas variações de temperatura são registro fóssil das flutuações quânticas no Universo jovem.

Conexões profundas Outras três propriedades do Universo dão pistas sobre conexões forjadas em seus primeiros momentos. Primeiro, a luz viaja em linhas retas ao longo dos vastos cantos do espaço – do contrário, estrelas e galáxias distantes apareceriam distorcidas.

“Dizem que não existe almoço grátis. Mas o Universo é o derradeiro almoço grátis.”

Alan Guth

Segundo, o Universo parece ser o mesmo em todas as direções. Isso é inesperado. Tendo existido por apenas 14 bilhões de anos, o Universo tem um tamanho maior do que 14 bilhões de anos-luz (conhecido como “horizonte”). A luz, então, não teve tempo de chegar de um lado a outro do Universo. Como um dos lados do universo saberia com que o outro lado se parece?

Terceiro, galáxias são espalhadas de modo uniforme ao longo do céu. De novo, isso não precisaria ser assim. Galáxias surgiram de áreas com densidades ligeiramente maiores no gás remanescente do Big Bang. Essas áreas começaram a colapsar em razão da gravidade, formando estrelas. As sementes densas das galáxias se arranjaram por efeitos quânticos, minúsculas alterações de energia nas partículas do

1981 Guth propõe a inflação cósmica

1992 O COBE mapeia as anisotropias de micro-ondas

1998 Supernovas revelam a energia escura

Universo embrionário quente. Mas elas podem ter se amplificado para criar grandes manchas de galáxias, como em uma vaca malhada, diferentemente do espalhamento uniforme que vemos. Existem muitos montinhos de terra na distribuição de galáxias, em vez de umas poucas cordilheiras de montanhas gigantes.

Os três problemas – o achatamento, o horizonte e a homogeneidade – podem ser resolvidos caso o Universo mais primordial tenha permanecido dentro de seu horizonte. Todos os seus pontos, então, podem ter estado em contato uma vez, regulando suas propriedades posteriores. Se isso for verdade, algum tempo depois o Universo pode ter, de repente, se tornado inchado, crescendo mais rápido além de seu horizonte para se tornar o cosmo disseminado que vemos hoje. Essa rápida aceleração de expansão é conhecida como "inflação" e foi proposta em 1981 pelo físico americano Alan Guth. As mais sutis flutuações de densidade, criadas antes pela granulação quântica, teriam se esticado e se borrado, tornando o Universo uniforme em grandes escalas.

Lado escuro Efeitos quânticos podem ter tido outros impactos sobre o Universo. Noventa por cento da matéria no Universo não brilha e é escura. A matéria escura é detectável por seu efeito gravitacional, mas praticamente não interage com matéria ou ondas de luz. Cientistas acreditam que ela exista na forma de Objetos Compactos Maciços do Halo (MACHOs, na sigla em inglês), estrelas mortas e planetas gasosos; ou Partículas Maciças e Interação Fraca (WIMPs), partículas subatômicas exóticas, como neutrinos ou partículas supersimétricas.

Hoje sabemos que apenas 4% da matéria do Universo é feita de bárions (matéria comum composta de prótons e nêutrons). Outros 23% existem na forma da matéria escura exótica. Sabemos que ela não é feita de bárions. Dizer do que ela feita é mais difícil, mas podem ser partículas como os WIMPs. O resto do inventário de energia do Universo consiste em algo totalmente diferente, a energia escura.

Albert Einstein criou o conceito de energia escura como uma maneira de compensar a força de atração da gravidade. Se houvesse apenas gravidade, tudo no Universo acabaria se colapsando em um ponto. Alguma força repelente deveria então contrabalançá-la. Na época, ele não acreditava que o Universo estaria se expandindo e achava que ele era estático. Ele adicionou esse termo como um tipo de "antigravidade" em suas equações da relatividade geral, mas logo se arrependeu. Assim como a gravidade faria tudo colapsar, essa antigravidade faria regiões do espaço se rasgarem. Einstein deu de ombros e achou que não precisava mais desse termo – ninguém havia visto evidência de uma força repelente. Ele acabou mantendo o termo nas equações, mas o ajustou para zero.

Isso mudou na década de 1990, quando dois grupos descobriram que supernovas distantes brilhavam mais fracamente do que deveriam. A única explicação era que elas estariam mais distantes do que se acreditava. O espaço até elas deve ter se alongado. O termo na equação de Einstein foi resgatado – esse termo de energia negativa foi batizado de "energia escura".

"Durante 70 anos temos tentado medir a taxa com que o Universo desacelera. Finalmente conseguimos fazê-lo, e descobrimos que ele está acelerando."

Michael S. Turner, 2001

Antigravidade Não sabemos muita coisa sobre a energia escura. Ela é uma forma de energia armazenada no vácuo do espaço livre que causa uma pressão negativa em algumas regiões vazias. Em lugares onde a matéria é abundante – como perto de grupos e aglomerados de galáxias – a gravidade logo se contrapõe e a supera.

Como a energia escura é muito evasiva, é difícil de prever como sua presença afetará o Universo no longo prazo. À medida que o Universo se estica, galáxias perderão suas conexões e ficarão espalhadas de modo mais esparso. A energia escura, então, poderá começar a agarrar as estrelas que as constituem. Quando essas estrelas morrerem, o Universo ficará escuro. No final, tudo seria um mar de átomos e partículas subatômicas dispersas. A física quântica reinaria de novo, então.

A ideia condensada: Conexões primordiais

37 Teoria das cordas

Em uma versão moderna da dualidade onda-partícula, a teoria das cordas busca descrever partículas elementares como ondas de harmônicos de cordas vibrantes. O objetivo final é combinar a mecânica quântica e a relatividade para explicar todas as quatro forças fundamentais num único arcabouço conceitual.

A teoria das cordas é um ramo paralelo da física que está desenvolvendo um método matemático ambicioso e ímpar para descrever processos quânticos e gravitacionais em termos de ondas em cordas multidimensionais, em vez de entidades sólidas. Ela surgiu em 1920, quando Theodor Kaluza e Oscar Klein usaram harmônicos, como escalas musicais, para descrever algumas propriedades quantizadas de partículas.

Nos anos 1940, estava claro que as partículas de matéria como o elétron e o próton não eram infinitamente pequenas e tinham algum tamanho. Para explicar como um elétron possui seu próprio magnetismo ele precisa ser uma bola de carga desfocada. Werner Heisenberg questionou se isso não ocorria porque o espaço e o tempo se rompem em escalas extremamente pequenas. Em escalas maiores, o fato de partículas terem comportamento replicável em experimentos significava que seu estado quântico seria verdadeiro, independentemente daquilo que ocorresse sob a superfície. Com base em sua descrição da mecânica de matriz do átomo de hidrogênio, Heisenberg ligou o comportamento de uma partícula antes e depois de uma interação usando uma matriz ou uma tabela de coeficientes.

Mas a teoria quântica de campos começava a mostrar que processos que envolviam partículas não avançavam a passos largos, mas envolviam muitos passos pequenos incrementais. Heisenberg teria de fornecer um conjunto completo de matrizes para explicar qualquer coisa além do caso

linha do tempo

Década de 1920
Kaluza e Klein descrevem a gravidade e o eletromagnetismo usando harmônicos

Década de 1940
Heisenberg desenvolve a teoria de matriz-S

1964
Gell-Mann propõe os *quarks*

1970
Nambu, Nielsen e Susskind apresentam forças nucleares como cordas

mais simples. Ele tentou reestruturar sua notação de matriz, sem sucesso.

Nos anos 1960, a atenção se voltou para maneiras de descrever a força nuclear forte. Murray Gell-Mann estava trabalhando em sua teoria de *quarks* para os núcleons. Outros teóricos brincavam com quadros matemáticos alternativos.

> **“A liberdade de questionamento não deve ter barreiras. Não há lugar para dogma na ciência. O cientista é livre e deve ser livre para perguntar qualquer questão, duvidar de qualquer afirmação, procurar por qualquer evidência e corrigir quaisquer erros.”**
>
> **J. Robert Oppenheimer, 1949**

Em 1970, Yoichiro Nambu, Holger Bech Nielsen e Leonard Susskind criaram representações das forças nucleares como cordas unidimensionais. Seu modelo, porém, não decolou, e a cromodinâmica quântica o superou. Em 1974, John Schwarz, Joel Scherk e Tamiaki Yoneya estenderam a ideia das cordas para representar bósons. Eles conseguiram incluir o gráviton, mostrando que a teoria de cordas era promissora para unificar todas as forças.

Cordas vibrantes Cordas, assim como molas ou tiras de elástico, tendem a contrair para minimizar sua energia. Essa tensão as faz oscilar. A mecânica quântica determina as “notas” que elas tocam, com cada estado de vibração correspondendo a uma partícula diferente. Cordas podem ser abertas – com duas extremidades – ou fechadas, formando um *loop*.

Os primeiros modelos não tiveram tanto sucesso porque só conseguiam descrever bósons. Avançando o conceito de supersimetria, teorias que incluíam férmions – chamadas de teorias de supercordas – tornaram-se possíveis. Uma série de barreiras foi superada entre 1984 e 1986, naquilo que ficou conhecido como a primeira revolução das supercordas. Ao perceberem que a teoria das cordas era capaz de lidar com todas as partículas e forças conhecidas, centenas de teóricos embarcaram na ideia.

A segunda revolução das supercordas ocorreu nos anos 1990. Edward Witten encaixou todas as várias teorias de supercordas em uma única grande teoria com 11 dimensões chamada teoria-M (em que “M” tem

1974
Schwarz, Scherk e Yoneya descrevem bósons usando cordas

1984-6
Primeira revolução das supercordas

1994-7
Proposta da teoria-M e segunda revolução das supercordas

> **Teoria-M**
>
> Teoria-M é um termo genérico para muitos tipos de teorias de cordas que existem em múltiplas dimensões. Uma corda a descrever uma partícula pode ser simplesmente uma linha ou uma argola, como uma corda de violão. Mas se incluímos o eixo adicional de tempo, ele então traça uma folha ou um cilindro. Seus atributos operam em outras dimensões: a teoria-M normalmente assume 11 dimensões. Quando partículas interagem, essas folhas se encontram e criam novas formas. A teoria-M, então, é a matemática do estudo dessas topologias.

diferentes significados para diferentes pessoas, tais como membrana ou mistério). Uma enxurrada de estudos ocorreu entre 1994 e 1997.

Desde então, a teoria das cordas prosseguiu firmemente, escorando uma catedral de abstração à medida que novas descobertas experimentais seguiam. Mas ainda não há uma teoria definitiva – as pessoas afirmam que existem tantas teorias de cordas quanto teóricos cordistas no mundo. E a teoria de cordas ainda não é considerada em bom estado para ser colocada sob teste em experimentos, um luxo que outras teorias não tiveram na história da ciência.

A única maneira de testar de verdade uma teoria física, de acordo com o filósofo Karl Popper, é provar a falsidade de uma afirmação. Sem novas previsões que possam testar a teoria das cordas para além de outras ideias padrões na física, ela é vista como algo sedutor, mas impraticável. Teóricos cordistas esperam que isso mude um dia. Talvez a próxima geração de aceleradores de partículas consiga sondar novos regimes na física. Ou talvez a pesquisa sobre efeitos como o emaranhamento quântico avance de modo que dimensões escondidas sejam necessárias para explicá-los.

Teoria de tudo O objetivo final de teóricos cordistas é descrever uma "teoria de tudo", unindo as quatro forças fundamentais (eletromagnetismo, forças nucleares forte e fraca, e gravidade) em um quadro consistente. É uma meta ambiciosa e muito distante de ser atingida.

É verdade que o resto da física está fragmentado. O Modelo Padrão da física de partículas tem grande poder, mas sua formulação foi, em grande parte, feita sob medida, baseada na fé em simetrias matemáticas subjacentes. Teorias quânticas de campos são uma realização impressionante, mas sua resistência a incluir a gravidade é mais que um desafio. Aquelas infinitudes canceladas – corrigidas pelo truque matemático da renormalização – ainda assombram as teorias quânticas e de partículas.

A falha de Einstein em unificar a teoria quântica e a relatividade nos anos 1940 o perturbou pelo resto de sua vida. Seus colegas o achavam louco por sequer tentar fazer aquilo. Mas a probabilidade de fracasso não refreou os teóricos cordistas em sua empreitada abstrata. Terá ela

“Não gosto que eles não estejam calculando nada. Não gosto que eles não estejam checando suas ideias. Não gosto quando algo está em desacordo com um experimento e eles cozinham uma explicação – um remendo para dizer ‘bem, talvez ainda possa ser verdade’.”

Richard Feynman

sido fútil? Que diferença faz se alguns cientistas desperdiçarem seu tempo? Aprenderemos algo no caminho? Alguns físicos argumentam que a teoria das cordas não é ciência real. Mas nem tudo precisa ser. Afinal de contas, a matemática pura ajudou Werner Heisenberg a desenvolver sua mecânica de matriz e permitiu a Murray Gell-Mann visualizar os *quarks*.

Que abrangência deve ter uma teoria de tudo? Seria suficiente descrever apenas as forças físicas? Ou ela precisaria ir além para incluir aspectos do mundo como a vida e a consciência? Mesmo que descrevamos o elétron como uma corda vibrante, isso não revelaria muita coisa sobre ligações moleculares na química ou sobre como células vivas são agrupadas.

Cientistas dividem-se em dois grupos quando se trata de tal “reducionismo”. Alguns acreditam que precisamos criar um panorama do mundo “de baixo para cima”, construído de matéria e forças. Outros argumentam que isso é ridículo – o mundo é tão complexo que um bocado de comportamentos emergem de interações as quais jamais imaginamos. Aspectos contra intuitivos como o emaranhamento quântico e o caos tornam o mundo ainda mais difícil de prever. O físico Steven Weinberg acredita que essa visão de muro de tijolos é “fria e impessoal”. Precisamos aceitar o mundo da maneira que ele é.

A ideia condensada: Carrilhão cósmico

38 Muitos mundos

Na interpretação de Copenhague, a necessidade de as funções de onda colapsarem quando uma medição é feita atormentou físicos que a consideravam não realística. Hugh Everett III encontrou uma maneira de contorná-la nos anos 1950 quando propôs que universos separados são criados como desdobramentos de eventos quânticos.

Nos anos 1950 e 1960, com o avanço da compreensão que cientistas tinham das partículas e forças, também avançou sua necessidade de entender o que realmente estava acontecendo na escala subatômica. Décadas depois de ter sido proposta, a interpretação de Copenhague ainda reinava soberana – com sua insistência de que partículas e ondas são dois lados da mesma moeda, descritos por uma função de onda, cujo colapso é desencadeado quando uma medição é feita.

O conceito do físico dinamarquês Niels Bohr explicava bem os experimentos quânticos, incluindo a interferência e o comportamento particulado da luz. Entretanto, funções de onda eram difíceis de compreender. Bohr as considerava reais. Outros acreditavam se tratar de uma abreviação matemática daquilo que realmente estaria acontecendo. A função de onda diz com qual probabilidade um elétron, digamos, está em determinado lugar ou tem dada energia.

Pior, a interpretação de Copenhague põe todo o poder nas mãos de um "observador". Enquanto o gato de Schrödinger mantém-se dentro da caixa fechada, com perigo radioativo indefinido, a suposição de Bohr é que o felino está em uma sobreposição de estados – tanto vivo quanto morto, ao mesmo tempo. Apenas quando a caixa é aberta seu destino é selado. Mas por que o gato deveria se importar se um humano o está ou não observando? Quem observa o Universo para garantir sua existência?

Múltiplos universos Em 1957, Hugh Everett propôs uma visão alternativa. Ele não gostava da ideia de que funções de onda deveriam

linha do tempo

1927
Surge a interpretação de Copenhague da mecânica quântica

1935
Schrödinger publica seu cenário sobre o gato

1957
Everett propõe sua resposta à interpretação de Copenhague

HUGH EVERETT III (1930-1982)

Hugh Everett nasceu e cresceu em Washington, D.C. Ele estudou engenharia química na Universidade Católica da América, tendo se ausentado por um ano para visitar seu pai, que estava alocado na Alemanha Ocidental logo após a Segunda Guerra Mundial.

Everett se mudou para a Universidade de Princeton para fazer seu doutorado, mudando de teoria dos jogos para mecânica quântica. Ele era considerado esperto, mas ligado demais em livros de ficção científica. Em 1956 ele foi trabalhar no Pentágono em modelagem de armas nucleares. A pedido de John Wheeler, Everett visitou Niels Bohr em 1959, mas seu trabalho teve uma recepção fria. Everett considerou a visita um "inferno" e retornou à sua carreira em computação.

Em 1970, a ideia de Everett se tornou popular após um artigo de Bryce DeWitt, que atraiu muita atenção. Um livro escrito em sequência se esgotou em 1973. Escritores de ficção científica amaram o conceito de muitos mundos. Everett morreu cedo, aos 51 anos.

colapsar quando fazemos uma medição e de observadores serem necessários para fazê-la. Como uma estrela distante poderia deixar de existir se não existissem pessoas para observá-la?

Ele argumentou que tudo no Universo em qualquer momento existe em um só estado – o gato realmente está ou vivo ou morto. Mas para lidar com todas as possibilidades, deve haver muitos universos paralelos onde os resultados alternativos ocorrem. Isso é conhecido hoje com a teoria de "muitos mundos".

Apesar de nem todos os físicos acreditarem nisso – criar muitos universos parece mais difícil do que dizer a alguns fótons o que fazer – a teoria de muitos mundos ganhou popularidade entre alguns. O físico relativista americano Bryce DeWitt, que cunhou o nome "muitos mundos", promoveu a ideia nos anos 1960 e 1970. Hoje muitos físicos usam o conceito de "multiverso" para explicar coincidências que de maneira diferente seriam inexplicáveis, como a razão pela qual as forças têm a intensidade que possuem, permitindo a existência de átomos e da vida.

1970
DeWitt cunha o termo "muitos mundos"

1994-7
A teoria-M é proposta

Antes da proposta de Everett, acreditava-se que o Universo teria um único trilho de história. Eventos se desdobrariam à medida que o tempo passasse, produzindo uma cascata de mudanças que cumpriria regras como a segunda lei da termodinâmica. No quadro dos muitos mundos, a cada momento que ocorre um evento quântico brota um novo universo filho. Os muitos universos – talvez infinitos – se acumulam em uma estrutura de ramos, como uma árvore.

Apesar de não existir comunicação entre o corpo desses universos – eles estão separados e cada um segue adiante depois – alguns físicos sugerem que pode existir alguma perturbação entre mundos bifurcados. Talvez essas interações expliquem experimentos de interferência ou talvez tornem viagens no tempo viáveis entre eles.

Benefícios A beleza da teoria dos muitos mundos é que ela evita a necessidade do colapso de função de onda e descarta a necessidade de um observador para causá-lo. Se o gato encaixotado de Schrödinger é uma mescla de possíveis estados, então o experimentalista também precisaria sê-lo. O cientista que encontra o gato vivo está sobreposto com o cientista que vai encontrá-lo morto. O conceito de Everett soluciona então muitos dos paradoxos da física quântica. Tudo o que pode ter acontecido, já aconteceu em um universo ou talvez em outro.

O universo pode existir independentemente da vida. O gato de Schrödinger está vivo em um lugar e morto em outro. Ele não é uma mistura de ambos. A dualidade onda-partícula também faz sentido se ambas as eventualidades são acomodadas.

“Eu não exijo que uma teoria corresponda à realidade porque não sei o que ela é. A realidade não é uma qualidade que você possa testar com azul de tornassol.”

Stephen Hawking

Everett elaborou seu modelo enquanto era ainda um estudante de pós-graduação, publicando-o em sua tese de doutorado. A ideia de muitos mundos não foi adotada imediatamente e até virou piada entre alguns colegas. Everett abandonou a pesquisa e foi trabalhar com defesa e computação. Foi preciso um artigo popular escrito por Bryce DeWitt na *Physics Today* para chamar mais atenção em 1970.

Problemas Hoje o conceito de muitos mundos tem uma recepção mista. Seus fãs o elogiam por satisfazer a navalha de Occam e descartar muitos comportamentos quânticos não intuitivos. Mas é questionável se os muitos mundos são uma teoria testável. Isso depende do grau de interação entre os vários universos e de experimentos poderem ser propostos para provar que os outros universos existem. Ainda não há um veredito.

Aqueles menos impressionados com a interpretação argumentam que a bifurcação de universos é arbitrária – não está claro o que ela significa ou como ela acontece. O panorama de Everett desprovido de observador não atribui significado ao ato de medição, então não está claro por que, como ou exatamente quando os universos devem ramificar.

"A crença em algo precisa ser expressa em um esquema matemático, mesmo que esse esquema não pareça estar conectado com a física à primeira vista."

Paul A. M. Dirac, 1977

Outros grandes quebra-cabeças da física fundamental também continuam inexplicados – como a direção do tempo e por que a entropia aumenta de acordo com a segunda lei da termodinâmica. Não está claro se a informação quântica pode viajar através do Universo mais rápido do que a luz – se o Universo inteiro se ramifica a cada vez que uma partícula surge em um buraco negro ou nos confins do Universo, por exemplo. Alguns dos Universos paralelos não poderiam existir, se suas propriedades físicas fossem incompatíveis.

Stephen Hawking é um crítico que vê a teoria de muitos mundos como "trivialmente verdadeira", mais uma aproximação útil para calcular probabilidades do que uma compreensão profunda do Universo real. Cético com relação à própria tentativa de entender o significado profundo do mundo quântico, ele disse: "Quando ouço falar no gato de Schrödinger, seguro minha arma".

A ideia condensada: Universos paralelos

39 Variáveis ocultas

O fato de o mundo quântico só poder ser descrito em termos de probabilidade preocupava alguns físicos, incluindo Albert Einstein. Como causa e efeito poderiam ser explicados, se tudo ocorre por acaso? Um modo de contornar isso é presumir que sistemas quânticos são definidos como um todo, mas que há variáveis ocultas ainda a serem conhecidas.

A famosa declaração de Albert Einstein de que "Deus não joga dados" revelou sua falta de apreço pela interpretação de Copenhague para a mecânica quântica. O que o preocupava era que tratamentos probabilísticos da mecânica quântica não eram determinísticos – eles não podiam prever como um sistema evoluiria no futuro a partir de um estado em particular.

Se você conhece as propriedades de uma partícula agora, então, em razão do princípio da incerteza de Heisenberg, não seria possível conhecê-las algum tempo depois. Mas se o futuro depende de ocorrências ao acaso, por que o Universo é ordenado e guiado por leis físicas?

A mecânica quântica deve estar incompleta, resumiu Einstein, com Boris Podolsky e Nathan Rosen, no paradoxo EPR. Como mensagens não podem viajar mais rápido que a velocidade da luz, partículas gêmeas que se afastam com regras quânticas emaranhadas sempre "sabem" em que estado se encontram.

Uma observação do estado de uma partícula nos diz algo sobre a outra, mas não porque uma função de onda está colapsando. A informação era inerente a cada partícula e contida em "variáveis ocultas", Einstein imaginou. Deve haver um nível de compreensão mais profundo que está fora de nossa vista.

linha do tempo

1926
Schrödinger propõe sua equação de onda

1927
Surge a interpretação de Copenhague

1927
De Broglie propõe a teoria da "onda piloto"

1935
O paradoxo EPR é sugerido

Determinismo Nos anos 1920 e 1930, físicos ficaram intrigados com o significado da mecânica quântica. Erwin Schrödinger, que havia proposto sua equação de onda em 1926, acreditava que as funções de onda que descreviam um sistema quântico eram entidades reais. Seu colega Max Born relutou mais em compreender o quadro. Em um estudo, Born notou que a interpretação probabilística da equação de onda tinha implicações para o determinismo – causa e efeito.

“O ambíguo é a realidade, e o não ambíguo é simplesmente um caso especial dela, em que finalmente conseguimos capturar algum aspecto específico.”

David Bohm

Born considerava que mais propriedades atômicas seriam um dia descobertas para explicar as consequências de um evento quântico, como a colisão entre duas partículas. Mas no final ele apoiou a abordagem da função de onda e aceitou que nem tudo é conhecível: “Eu mesmo estou inclinado a abandonar o determinismo no mundo dos átomos. Mas isso é uma questão filosófica para a qual argumentos físicos, apenas, não são decisivos”.

Einstein também desconfiava das funções de onda. Ele via a equação de Schrödinger apenas como descrições de átomos em sentido estatístico, não completo, apesar de não poder provar isso. “A mecânica quântica merece muita atenção. Mas uma voz interna me diz que esse ainda não é o caminho certo”, afirmou.

Em um congresso na Bélgica em 1927, o físico francês Louis-Victor de Broglie apresentou uma teoria de variáveis ocultas que mantinha o determinismo. Uma “onda-piloto” guiava cada partícula através do espaço, ele sugeriu. Einstein também havia considerado essa possibilidade, mas desistiu da ideia e permaneceu em silêncio. Outros físicos também se mantiveram distantes. A maioria se deixou levar pela convicção de Born e Werner Heisenberg, que corajosamente já anunciavam a mecânica quântica como uma teoria completa. O indeterminismo era real dentro do domínio de experimentos aos quais se aplicava, eles acreditavam.

Após Niels Bohr propor sua interpretação de Copenhague da mecânica quântica – exigindo um observador para colapsar a função de

1952
Bohm publica testes para variáveis ocultas

1964
Bohm propõe testes para variáveis ocultas

1981
Aspectos conclusivos refutam a teoria local das variáveis ocultas

> **"Em certo sentido, o homem é um microcosmo do Universo: aquilo que é o homem, portanto, é uma pista para o Universo. Estamos embrulhados em Universo."**
>
> **David Bohm**

onda durante uma medição – em 1927, ele e Einstein debateram ferozmente sobre o sentido disso. O melhor desafio de Einstein era o paradoxo EPR, que levantava a possibilidade de um observador num lado do Universo colapsar uma função de onda do outro lado instantaneamente em violação à relatividade especial.

Ondas guia Em 1952, David Bohm ressuscitou a teoria das variáveis ocultas quando, sem querer, redescobriu a ideia não publicada de Louis-Victor de Broglie sobre a "onda guia". Bohm acreditava que partículas como elétrons, prótons e fótons eram reais. Podemos ver fótons individuais se acumularem num detector, por exemplo, ou elétrons criarem pulsos de carga ao atingirem uma placa elétrica. A função de onda de Schrödinger deveria descrever a probabilidade de estar em algum lugar.

Para guiar uma partícula até onde ela deve estar, Bohm definiu um "potencial quântico". Ele abriga todas as variáveis quânticas, responde a outros sistemas e efeitos quânticos e está ligado à função de onda. A posição e a trajetória de uma partícula, então, são sempre definidas, mas como não conhecemos todas as propriedades da partícula no início, precisamos usar a função de onda para descrever a probabilidade de uma partícula estar em algum lugar ou em certo es-

DAVID BOHM (1917-1992)

Nascido e criado na Pensilvânia, EUA, Bohm obteve seu doutorado em física teórica na Universidade da Califórnia, em Berkeley – no grupo dirigido pelo "pai da bomba atômica", Robert Oppenheimer. Bohm se engajou em política radical, filiando-se a grupos comunistas e pacifistas locais. Como resultado, ele foi impedido de se juntar ao projeto Manhattan durante a Segunda Guerra Mundial. Alguns de seus trabalhos foram para o arquivo secreto – nem ele mesmo podia acessá-los. Após a Guerra, Bohm se mudou para a Universidade de Princeton e trabalhou com Einstein. Quando o macartismo começou a perseguir suspeitos de comunismo, Bohm se recusou a testemunhar diante de um comitê e foi preso. Ele foi perdoado em 1951, mas teve de deixar o país, pois Princeton o havia suspendido.

Bohm passou anos em São Paulo, Brasil, e em Haifa, Israel, antes de se mudar para o Reino Unido, em 1957, onde ocupou cadeiras nas Universidade de Bristol e no Birbeck College de Londres. No fim da vida, Bohm também trabalhou em cognição e em assuntos sociais, além de física quântica.

tado. As variáveis ocultas são as posições da partícula, não o potencial quântico ou função de onda.

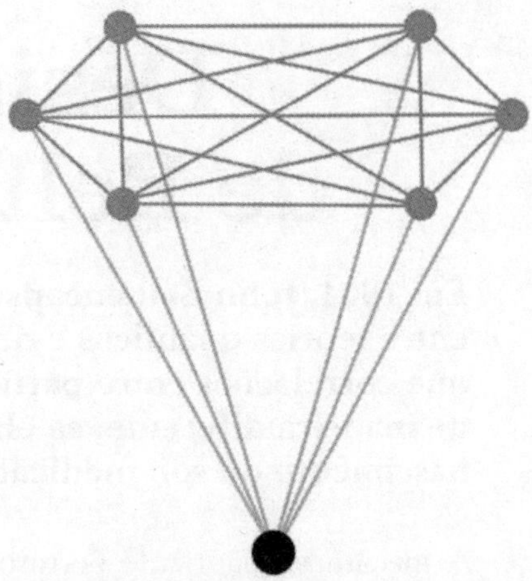

Bohm imaginava que uma partícula possuía uma rede de "conhecimento oculto" sobre todas as propriedades físicas que poderia ter, mas a mecânica quântica limita o que podemos saber delas.

A teoria de Bohm preserva a causa e o efeito – a partícula está viajando ao longo de uma trajetória assim como na física clássica. Ela elimina a necessidade do colapso em função de onda. Mas ela não contorna o paradoxo EPR da ação "fantasmagórica" à distância. Se você muda um detector, o campo de onda da partícula também muda instantaneamente. Como ela age independentemente da distância, a teoria é considerada "não local". Ela viola a relatividade especial, o que levou Einstein a chamá-la de teoria "barata demais".

Bohm mostrou que era possível escrever uma versão de variáveis ocultas da mecânica quântica. O próximo passo era testá-la. Em 1924, John Bell concebeu uma série de experimentos imaginários cujos resultados poderiam ser consistentes com a teoria de variáveis ocultas. Se os resultados diferissem das previsões, o emaranhamento quântico seria, então, verdadeiro. Nos anos 1980, físicos conseguiram realizar esses testes. Eles descartaram o caso mais simples de variáveis ocultas "locais", nos quais a informação é limitada pela velocidade da luz. Correlações instantâneas de longa distância ou o emaranhamento quântico são necessários, de fato.

A ideia condensada: Desconhecidos conhecidos

40 Desigualdades de Bell

Em 1964, John Bell encapsulou em equações a diferença entre teorias quânticas e de variáveis ocultas. Ele provou que correlações entre partículas deveriam se manifestar de maneira diferente, se elas fossem determinadas no nascimento ou sob medição.

A mecânica quântica é perturbadora. Suas afirmações baseadas em probabilidades e incertezas fundamentais – até mesmo sobre propriedades básicas como energia e tempo, posição e momento – parecem desafiar a explicação.

Adeptos da interpretação de Copenhague de 1927, incluindo Niels Bohr e Erwin Schrödinger, aceitam o fato de que existe um limite para o que podemos saber sobre o mundo subatômico. Partículas como elétron também se comportam como ondas e a única maneira de descrever o que sabemos sobre elas é de forma matemática, como uma função de onda.

> **“Agora parece que a não localidade está enraizada na própria mecânica quântica e vai persistir em qualquer conclusão.”**
>
> **John Bell, 1966**

Nos anos 1930, Albert Einstein e Louis-Victor de Broglie, e mais tarde, nos anos 1950, David Bohm, agarraram-se à crença de que elétrons, fótons e outras partículas são entidades reais. Elas existem – nós apenas não podemos saber tudo sobre elas. A mecânica quântica deve estar incompleta. Uma série de “variáveis ocultas” poderia explicar alguns de seus aspectos contraintuitivos.

O paradoxo EPR desafiava explicações. As propriedades de duas partículas correlacionadas que voam em direções opostas ao longo do Universo devem permanecer conectadas, mesmo que elas se tornem

linha do tempo

1927 Bohr lança a interpretação de Copenhague da mecânica quântica

1935 O paradoxo EPR é proposto

1952 David Bohm propõe as variáveis ocultas

tão distantes que o sinal de luz de uma não possa chegar à outra. Esse raciocínio prevê uma ação "fantasmagórica" à distância.

Assim como os elétrons são limitados em como preenchem seus orbitais, regras quânticas interligam partículas. Se uma partícula (uma molécula, digamos) se divide em duas, princípios de conservação significam que os *spins* de ambas as partículas resultantes sejam opostos. Se medirmos o *spin* de uma partícula como "para cima", saberemos imediatamente que o *spin* da outra deve ser "para baixo". Em termos quânticos, a função de onda da segunda partícula colapsa exatamente no mesmo momento que a da outra, não importa quão distantes as partículas estejam.

Einstein e seus colegas temiam que isso não fosse razoável. Nenhum sinal pode trafegar mais rápido que a luz, então como a medição de uma partícula seria transmitida à outra? O raciocínio de Einstein se apoiava em duas premissas: localidade, que impede que nada viaje mais rápido que a luz, e realismo, que as partículas existam independentemente de serem "observadas" ou não. O pensamento de Einstein era em termos de "realismo local".

Teorema de Bell Em 1964, John Bell levou sua ideia adiante. Se as variáveis ocultas e o realismo local fossem verdadeiros, qualquer decisão feita sobre a medição de uma partícula próxima não afetaria a propriedade de outra distante. Se a partícula remota já sabia em qual esta-

JOHN STEWART BELL (1928-1990)

John Bell nasceu em Belfast, na Irlanda do Norte, e estudou física na Queen's University de Belfast. Ele completou seu doutorado em física quântica e nuclear na Universidade de Birmingham, em 1956.

Bell trabalhou com o Estabelecimento de Pesquisa em Energia Atômica, perto de Harwell, Oxfordshire, e se mudou para o Conselho Europeu para Pesquisa Nuclear (CERN, Conseil Européen pour la Recherche Nucléaire), em Genebra, na Suíça. Ali ele trabalhou em física de partículas teórica e no projeto de aceleradores, mas encontrou tempo para investigar as funções da teoria quântica.

Em 1964, após passar um ano sabático trabalhando nos EUA, ele escreveu um estudo intitulado "Sobre o Paradoxo Einstein-Podolsky-Rosen", do qual derivava o teorema de Bell em termos de uma expressão violada pela teoria quântica.

1964
Bell formula suas desigualdades

1972
O primeiro experimento viola a desigualdade

1981
Experimento de Aspect sustenta a teoria quântica conclusivamente

do se encontrava, ela não deveria se importar se você decidiu medir ou não a partícula em mãos usando interferência ou dispersão.

> **“Ninguém sabe onde se situa a fronteira entre os domínios quântico e clássico. Para mim seria mais plausível descobrirmos que essa fronteira não existe.”**
>
> **John Bell, 1984**

Bell definiu casos específicos em que esse comportamento conflitava com as previsões mais ousadas da mecânica quântica. Ele definiu quantidades que poderiam ser medidas para testar isso, de forma que um valor maior ou menor do que certo limite fosse obtido, a evidência apontaria para a mecânica quântica ou para as variáveis ocultas. Essas afirmações matemáticas são conhecidas como “desigualdades de Bell”. Modificando o exemplo EPR, Bell imaginou dois férmions cujo *spin* fosse complementar, como dois elétrons, um com *spin* para cima e outro para baixo. Suas propriedades eram correlatas, talvez porque ambas começaram como uma partícula única que decaiu. As duas partículas viajavam em direções opostas.

Não sabiam qual possuía que valor de *spin*. Medições foram feitas sobre as duas em suas respectivas locações. Cada observação traria um resultado de *spin* para cima e outro de *spin* para baixo. Cada medição seria conduzida independentemente, sem que uma soubesse qualquer coisa sobre a outra.

A probabilidade de medir uma direção particular de *spin* dependeria do ângulo com que se faria a medição, de 0 a 180 graus. A chance era +1, se você a medisse exatamente na mesma direção do eixo de *spin*; ela seria −1, se medida na direção oposta, e metade, se medida na direção perpendicular. Em ângulos intermediários, diferentes teorias preveriam diferentes probabilidades de medições.

O teorema de Bell fornece a estatística do que seria visto em muitas rodadas do experimento medido em vários ângulos. Para a teoria das variáveis ocultas há uma relação linear entre esses pontos. Para a mecânica quântica, a correlação varia com o cosseno do ângulo.

Ao fazer medições em muitas direções diferentes, é possível dizer o que está acontecendo.

Bell concluiu que: “deve haver um mecanismo no qual a configuração de um dispositivo de medição influencie a leitura de outro instrumento, não importa quão distante. Além disso, o sinal envolvido precisa se propagar instantaneamente”.

Previsões testadas Foi preciso mais de uma década para que experimentos se tornassem bons o suficiente para efetivamente testarem as previsões de Bell. Nos anos 1970 e 1980, uma série deles provou que a mecânica quântica está correta. Eles descartam as teorias locais de variáveis ocultas, aquelas em que mensagens quânticas são limitadas pela velocidade da luz. E eles provam que a sinalização mais rápida que a luz acontece na escala quântica. Algumas variantes de teorias de variáveis ocultas ainda são possíveis, desde que sejam não locais ou abertas à sinalização superluminal.

Meias de Bertlmann

Bell ilustrou seu teorema usando um personagem com senso de moda excêntrico. Dr. Bertlmann gostava de vestir meias espalhafatosas, cada uma de uma cor diferente. A cor que ele vai vestir em um pé é imprevisível. Mas podemos saber um pouco – se sabemos que uma meia é cor-de-rosa, sabemos que a outra não é cor-de-rosa. Bell nos diz que isso é tudo o que o paradoxo EPR nos diz.

Bell aceitou a descoberta, mas também ficou frustrado: "Para mim, é tão razoável presumir que os fótons nesses experimentos carregam programas com eles, que foram correlacionados antecipadamente, dizendo a eles como se comportar". Era uma pena que a ideia de Einstein não tenha funcionado.

A teoria de Bell é uma das mais importantes da física fundamental. Ela não é exatamente uma prova da mecânica quântica – alguns furos em seu raciocínio foram identificados. Mas ela impediu muitas tentativas de refutá-la.

A ideia condensada: Limites quânticos

41 Experimentos de Aspect

Experimentos para testar as desigualdades de Bell nas décadas de 1970 e 1980 mostraram que o emaranhamento quântico de fato ocorre. Partículas gêmeas parecem saber quando a outra é observada, mesmo que estejam extremamente distantes entre si. Como resultado disso, informação quântica não é armazenada uma só vez, de maneira definitiva, mas está interligada e é reativa.

Em 1964, John Bell elaborou uma série de afirmações matemáticas que deveriam se sustentar caso a visão de variáveis ocultas da física quântica estivesse correta – e partículas carregassem um portfólio completo de parâmetros com elas. Se essas regras fossem violadas, os aspectos mais bizarros da mecânica quântica se mostrariam verdadeiros. A ação fantasmagórica à distância, mensagens mais rápidas que a luz e emaranhamento quântico de fato existiam.

Foi preciso mais de uma década para elaborar testes experimentais definitivos para o teorema de Bell. A razão da demora é que eles são realmente difíceis. Primeiro, foi preciso identificar uma transição atômica que emitisse pares de partículas correspondentes, uma propriedade de cada partícula que dependa de orientação e possa ser medida com confiança e precisão, e um projeto experimental para fazê-lo.

Em 1969, John Clauser, Michael Horne, Abner Shimony e Richard Holt sugeriram usar pares de fótons emaranhados produzidos por átomos de cálcio excitados. Ao aumentar a energia do par de elétrons superior no cálcio para orbitais maiores deixando-os voltar, dois fótons seriam emitidos. Como eles obedecem a regras quânticas, o par teria polarizações correlatas, uma característica conhecida desde a década de 1940.

Em 1972, Clauser e Stuart Freedman realizaram o primeiro experimento de sucesso para testar a desigualdade de Bell. Foi difícil excitar

linha do tempo

1935	1964	1974	1982
O paradoxo EPR é sugerido	Bell propõe suas desigualdades	Clauser e Freedman testam as desigualdades de Bell	Aspect prova que as desigualdades de Bell são violadas

ALAIN ASPECT (1947-)

Alain Aspect nasceu em 1947 em Agen, na região francesa de Lot-et--Garonne. Ele estudou física na Escola Normal Superior de Cachan e na Universidade de Orsay. Depois de completar o mestrado, honrou o serviço civil trabalhando como professor por três anos em Camarões. Quando estava lá, ficou intrigado com as desigualdades de Bell. Aspect retornou a Cachan e conduziu seus experimentos com fótons emaranhados em Orsay antes de obter seu doutorado. Depois, assumiu uma cadeira no prestigioso Collège de France, onde passou a trabalhar com átomos ultrafrios desacelerados por laser, técnica usada em relógios atômicos. Hoje pesquisador-sênior no CNRS, Aspect dirige o grupo de óptica atômica em Orsay e tem muitas conexões com a indústria.

e capturar os fótons pareados, e foram necessárias mais de 200 horas de funcionamento. As polarizações dos fótons tiveram de ser detectadas nas partes azul e verde do espectro, mas detectores não eram muito sensíveis na época. No final, o resultado estava de acordo com a previsão da mecânica quântica. Mas Clauser e seus colegas tiveram de aplicar uma gambiarra estatística para lidar com os fótons ausentes, então a história ainda não havia terminado.

Foram feitos experimentos adicionais em átomos excitados de mercúrio, além de cálcio, e usando pares de fótons produzidos na aniquilação de pósitrons. A maioria deles também deu apoio à mecânica quântica, apesar de alguns terem sido inconclusivos. A precisão dos experimentos melhorou com a tecnologia de detectores e a introdução de *lasers*, tornando a excitação de átomos mais fácil, de forma que mais fótons eram emitidos.

Testes de Aspect No fim dos anos 1970, o físico francês Alain Aspect aprimorou seu experimento. Usando também cálcio vaporizado, ele ajustou dois *lasers* nas frequências precisas necessárias para fazer os pares de elétrons exteriores darem saltos quânticos para camadas mais altas e serem libertados em cascatas. Ele monitorou os raios de luz emitidos em duas direções opostas, cada uma ajustada à frequência de cada fóton, verde e azul.

1998
Zeilinger cobre a lacuna de comunicação

1998
Fótons emaranhados são transmitidos por 10 km ao longo de Genebra

2007
Fótons emaranhados são enviados por 144 km entre ilhas nas Canárias

Como o tempo entre a emissão de cada par de fótons era maior do que o intervalo entre a liberação de cada fóton no par, os raios simultaneamente mediam os pares correlatos. Além disso, qualquer comunicação entre os dois fótons separados precisaria viajar no dobro da velocidade da luz para conectá-los.

Assim como óculos de lentes polarizadas reduzem o brilho ao bloquear luz refletida, a polarização dos fótons em cada raio era medida usando-se prismas especiais. Os prismas transmitiam bem a luz polarizada verticalmente (cerca de 95% da luz passava), mas quase toda a luz polarizada horizontalmente (cerca de 95% também) era bloqueada e refletida. Ao rotacionar os prismas, a equipe de Aspect podia medir *quanta* luz de polarizações intermediárias passava.

> **“A frase mais empolgante de se ouvir em ciência, aquela que é prenúncio de novas descobertas, não é “Eureka!” (Encontrei!), mas sim “Isso é engraçado...”**
>
> **Isaac Asimov**

Aspect, Philippe Grangier e Gérard Roger publicaram seus resultados em 1982. Eles eram consistentes com a variação de cosseno em polarização com o ângulo, dando suporte à mecânica quântica. Variáveis ocultas locais previam uma queda linear. Seus resultados tinham uma significância estatística muito maior do que tentativas anteriores, e isso foi um marco.

Como consequência, teorias locais de variáveis ocultas estariam mortas ou certamente em situação crítica. Ainda havia um pequeno espaço para tipos exóticos de variáveis ocultas que poderiam acionar velocidade mais rápida que a luz, mas modelos simples baseados em comunicação direta em velocidades iguais ou menores que a da luz foram descartados. A medição de uma partícula, então, de fato afetava a outra, não importando quão distantes estivessem. Estados quânticos eram mesmo emaranhados.

Tapando buracos Críticos reclamaram que os testes experimentais não eram perfeitos e tinham furos. Um desses buracos era a detecção, corrigida na análise de Clauser: nem todo fóton era detectado, então era necessária uma maneira estatística de fazer a contagem. Um segundo problema era a lacuna de comunicação – que um detector passe informação para outro de alguma forma, dado o tamanho limitado do experimento. Isso poderia ser descartado ao ajustar o aparato para ficar mais rápido do que qualquer mensagem possa ser envolvida.

Aspect tinha tentado evitar essa falha ao usar um aparato com raios gêmeos opostos em seu primeiro experimento. Mas, para ter certeza, ele mudou o ajuste do polarizador enquanto os fótons estavam voando. Seu experimento adicional provou novamente que a teoria quântica se sustentava. Em 1998, um grupo austríaco liderado por Anton Zeilinger foi além, ao tornar a escolha de detector muito rápida e aleatória. Não havia como um lado do experimento saber o que o outro lado estaria fazendo. Mais uma vez a mecânica quântica venceu. Em 2001, finalmente, grupos de físicos americanos selaram o buraco remanescente da "amostragem justa", capturando todos os fótons correlatos de um experimento baseado em berílio. As descobertas se tornaram inequívocas então. A informação quântica é emaranhada.

Emaranhamento distante Hoje, físicos mostram que o emaranhamento pode ser mantido por grandes distâncias. Em 1998, na Universidade de Genebra, Wolfgang Tittel, Jürgen Brendel, Hugo Zbinden e Nicolas Gisin conseguiram medir o emaranhamento entre pares de fótons ao longo de uma distância de dez quilômetros. Os fótons foram enviados por cabos de fibra óptica em túneis ao longo de Genebra.

Em 2007, o grupo de Zeilinger comunicou fótons emaranhados ao longo de 144 km entre as ilhas de La Palma e Tenerife, no arquipélago de Canárias. O emaranhamento está agora sendo estudado para comunicação quântica de longa distância.

Experimentos de Clauser e Aspect, e muitos outros desde então, mostraram conclusivamente que a teoria local de variáveis ocultas não funciona. O emaranhamento quântico e a comunicação mais rápida que a luz, de fato, ocorrem.

A ideia condensada: Comunicação mais rápida que a luz

42 Borracha quântica

Variações do experimento da dupla fenda de Young nos dão algumas pistas sobre a dualidade onda-partícula. A interferência só surge quando fótons estão correlacionados, mas suas trajetórias são incertas. Uma vez que suas trajetórias são conhecidas, eles agem como partículas e as franjas desaparecem. Esse comportamento pode ser controlado por emaranhamento ou se apagando a informação quântica.

No coração da física quântica está a ideia da dualidade onda-partícula. Como propôs Louis de Broglie, tudo possui tanto características de onda quanto de partícula. Mas essas duas facetas da natureza não podem se manifestar ao mesmo tempo. Elas aparecem sob diferentes circunstâncias.

No século XIX, Thomas Young mostrou com seu experimento da dupla fenda que a luz se comporta como onda ao passar por uma fenda, com suas trilhas cruzadas produzindo listras de interferência. Em 1905, Albert Einstein mostrou que a luz também se comporta como uma torrente de fótons. Elétrons e outras partículas elementares também entram em interferência sob as circunstâncias corretas. O físico dinamarquês Niels Bohr imaginou ondas e partículas como dois lados de uma mesma moeda. Werner Heisenberg explicou que os conhecimentos absolutos sobre certas propriedades complementares, como posição e momento linear, eram mutualmente excludentes. Poderia essa imprevisibilidade estar por trás da dualidade onda-partícula também?

Em 1965, Richard Feynman imaginou o que aconteceria se pudéssemos medir por qual fenda uma partícula passa no experimento de Young. Ao dispararmos elétrons por fendas gêmeas, poderíamos jogar luz sobre o aparato e, ao detectar a dispersão da luz, distinguir as rotas de elétrons individuais. Ele imaginou que, se soubermos a posição de

linha do tempo

1801
Young realiza seu experimento da dupla fenda

1905
Einstein mostra que a luz pode se comportar como partícula

1927
Bohr propõe a interpretação de Copenhague e a complementaridade

um elétron e o tratarmos como partícula, então, as franjas de interferência deveriam desaparecer.

Em 1982, os físicos teóricos Marlan Scully e Kai Drühl imaginaram outro experimento com dois átomos atuando como as fontes de luz. Se usarmos um *laser* para excitar um elétron em cada átomo até o mesmo nível de energia, cada elétron recuaria e liberaria um fóton similar. Ambos teriam a mesma frequência e, então, seria impossível distinguir de qual átomo cada um saiu. Esses fótons deveriam entrar em interferência, criando franjas. Mas podemos olhar para trás e descobrir de qual átomo veio cada fóton, medindo a energia dos átomos remanescentes – aquele que perdeu energia teria abrigado o fóton emitido. Podemos medir os átomos depois de o fóton ser emitido. Despretensiosamente, então, seríamos capazes de ver tanto o lado de onda quanto o de partícula de uma vez só.

“Eu não me sinto assustado por não conhecer as coisas, por estar perdido em um Universo misterioso sem propósito, que pelo que eu sei é o que ele realmente é. Isso não me apavora.”

Richard Feynman, 1981

Mas a interpretação de Copenhague nos diz categoricamente que não podemos ver ambos. De acordo com a mecânica quântica, temos que levar em conta o sistema inteiro e sua função de onda. Ao observar o estado dos átomos, mesmo depois de o fóton ter escapado deles, afetamos o experimento inteiro. Se dissermos ao fóton para agir como partícula, ele agirá assim, e a interferência desaparecerá.

Apagamento E se medirmos os átomos e não observarmos o resultado? Em teoria, as franjas de interferência deveriam persistir caso não saibamos nada sobre a trajetória de um fóton. Na realidade, se medirmos a energia dos fótons remanescentes e as mantivermos em segredo, as franjas não retornarão.

Uma maneira de medir as energias e arquivar a informação é disparar mais um fóton de *laser* contra cada átomo. Aquele que produziu o primeiro fóton poderia ser excitado de novo; um terceiro novo fóton seria emitido. Mas agora não poderíamos distinguir de qual átomo ele veio – pode ter sido de qualquer um dos dois.

1965
Feynman pergunta se ambos os lados dos fótons podem ser vistos simultaneamente

1982
Scully e Drühl imaginam um experimento para alternância onda-partícula

1995
Zeilinger observa a alternância entre onda e partícula

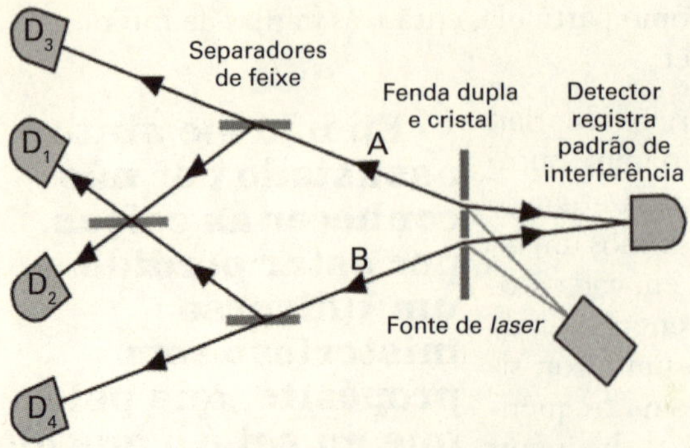

A luz de cada fenda segue trajetórias diferentes, A e B, e se bifurca novamente. A informação sobre qual caminho os fótons tomaram é apagada para fótons atingindo D_1 ou D_2, mas não para D_3 ou D_4.

Isso não é suficiente, porém, para que as franjas reapareçam. Os fótons em interferência não sabem nada sobre o terceiro fóton. É necessário correlacionar ambos os grupos para que as franjas surjam. No caso anterior, poderíamos apagar a informação contida no terceiro fóton e ao mesmo tempo mantê-lo como parte do sistema inteiro. Ao detectar o terceiro fóton de modo que não possamos saber de qual átomo ele veio, a incerteza quântica retorna. Por exemplo, o terceiro fóton poderia ser capturado por um detector posicionado entre os dois átomos. A chance de isso acontecer seria de 50%, portanto haveria incerteza. Mas essa detecção (ou não detecção) iria zerar o sistema de modo que realmente não saberíamos nada sobre a trajetória dos fótons em interferência. Experimentos como esse são conhecidos como borracha quântica, porque destroem o conhecimento quântico sobre um sistema.

Analisando num nível mais profundo, um fóton original em interferência se tornaria correlacionado com o terceiro fóton. Há duas possibilidades – que o terceiro fóton seja detectado ou não. E cada caso tem um padrão de interferência. Entretanto, ambos estão desalinhados em fase, de modo que, quando combinados, eles se anulam. Então, a aparição de um terceiro fóton – com sua incerteza intacta – adiciona um padrão de interferência que cancela o primeiro. Quando o seu destino é conhecido e então é detectado, o sistema escolhe um conjunto de franjas.

“Raramente, ou nunca, um conhecimento é dado para ser guardado e não transmitido; a graça desta joia rica é perdida quando escondida.”

Joseph Hall

Interferência emaranhada Em 1995, o grupo de Anton Zeilinger em Insbruck, na Áustria, fez uma observação similar, usando pares de fótons emaranhados gerados pela excitação de um cristal a *laser*. Usando níveis muito baixos de vermelho e infravermelho, eles conseguiram essencialmente acompanhar fótons individuais no ex-

ANTON ZEILINGER (1945-)

Anton Zeilinger nasceu em 1945 na Áustria. Hoje professor na Universidade de Viena e na Academia Austríaca de Ciências, desde 1970 ele tem sido pioneiro em experimentos de emaranhamento quântico. Ele descreveu as polarizações correlatas de pares de fótons usados nos experimentos como um par de dados que sempre aterrissa em números iguais. O grupo de Zeilinger detém muitos recordes – como a maior distância percorrida por fótons emaranhados e o de número de fótons emaranhados. Em 1997, Zeilinger demonstrou o teletransporte quântico – a transmissão de um estado quântico de uma partícula para outra segunda partícula emaranhada. "Tudo o que eu faço é por diversão", diz.

perimento. Primeiro, eles produziam um raio de fótons excitados e conduziam alguns deles de volta através do cristal para produzir um segundo raio. A interferência era produzida onde eles se cruzavam. Mas se cada raio se tornasse distinguível – de forma que a trajetória de dado fóton pudesse ser comprovada – por meio de alterações de sua polarização, as franjas desapareceriam. O padrão de interferência não reaparece até que duas trajetórias sejam embaralhadas de modo que toda a informação de localização seja perdida.

Ainda mais estranho, para aplicar a borracha quântica, não importa quando a decisão é tomada. Você pode fazê-lo após os fótons em interferência serem detectados. Em 2000, Yoon-Ho Kim, junto de Scully e colegas, realizou um experimento de borracha quântica com "escolha adiada". O padrão de interferência pode ser controlado quando escolhemos se desejamos ou não saber a trajetória do fóton depois que ele já tenha atingido o detector. As listras de interferência só aparecem quando a interferência secundária se realiza.

Então, existe uma ligação entre complementaridade e efeitos não locais em física quântica. A interferência só funciona por causa dessas correlações emaranhadas de longa distância. E é simplesmente impossível medir tanto propriedades de onda como de partícula ao mesmo tempo.

A ideia condensada: A ignorância é uma alegria

43 Decoerência quântica

Sistemas quânticos são facilmente emaranháveis a outros, de modo que suas funções de onda se combinam. Se eles fazem isso em fase ou não, dita o resultado. Informação quântica pode, então, facilmente vazar, levando à perda de coesão de um estado quântico. Objetos maiores entram em decoerência mais rapidamente que os pequenos.

No mundo quântico, tudo é incerto. Partículas e ondas não são distinguíveis. Funções de onda colapsam quando capturamos algo por medição. No mundo clássico, tudo parece mais sólido. Um grão de poeira continua sendo um grão de poeira de um dia para o outro.

Onde começa a divisão entre os mundos quântico e clássico? Louis de Broglie atribuiu um comprimento de onda característico para cada objeto no Universo. Grandes objetos, como bolas de futebol, têm uma função de onda pequena e seu comportamento é como o de partículas. Coisas pequenas, como elétrons, têm comprimentos de onda similares ao próprio tamanho e suas propriedades de onda são visíveis.

Na interpretação de Copenhague da mecânica quântica, Niels Bohr propôs que funções de onda "colapsam" sempre que uma medição é feita. Algumas de suas probabilidades inerentes são perdidas quando identificamos uma característica com certeza. É irreversível. Mas o que está acontecendo quando uma função de onda colapsa ou quando fazemos uma medição? Como as incertezas nebulosas se convertem em um resultado sólido?

Hugh Everett contornou esse problema quando propôs o conceito de "muitos mundos" em 1957. Ele tratou o Universo inteiro como tendo uma função de onda que evolui, mas nunca colapsa. Um ato de medição é uma interação ou emaranhamento entre sistemas quânticos, do qual brota um novo Universo. Mesmo assim, Everett não conseguia

linha do tempo

1927 A interpretação de Copenhague é proposta

1952 Bohm propõe a teoria das variáveis ocultas de Bohm

1957 Everett propõe a ideia de muitos mundos

explicar em que exato ponto isso acontecia.

> ### Desacordo quântico
> Superar a decoerência é um grande desafio para computadores quânticos, que requerem estados quânticos armazenados por grandes períodos. Uma medida chamada "desacordo quântico" foi proposta para descrever o grau de correlação entre estados quânticos.

Posteriormente, em teorias de "ondas-piloto", como as de Louis-Victor de Broglie e David Bohm, que procuravam descrever a dualidade onda-partícula em termos de uma partícula num potencial quântico, medições distorciam o movimento da partícula em seu campo quântico. Era um pouco como colocar um corpo maciço perto de outro na relatividade geral – o espaço-tempo se altera para mesclar as influências gravitacionais. Não haveria um colapso real da função de onda da partícula, ela apenas mudaria de forma.

Decoerência Hoje, a melhor explicação para a substituição da possibilidade pela certeza é o conceito de decoerência, descrito em 1970 pelo físico Dieter Zeh. Quando duas ou mais funções de onda se contrapõem uma à outra, como quando um aparato de medição é colocado perto de uma entidade quântica, a maneira com que eles interagem depende de suas fases relativas. Assim como cruzar ondas de água ou de luz pode amplificá-las ou cancelá-las quando entram em interferência, funções de onda podem ser impulsionadas ou apagadas quando se misturam.

Com quanto mais interações uma função de onda tem de lidar, mais embaralhada ela fica. Em algum momento ela entra em decoerência e perde seus aspectos de onda. A decoerência é muito mais significativa para grandes objetos – eles perdem a coesão quântica mais facilmente. Pequenas entidades, como elétrons, retêm sua integridade quântica por mais tempo. O gato de Schrödinger, por exemplo, logo ganharia sua forma felina mesmo que não observado, porque sua função de onda degradaria quase instantaneamente.

Essa é uma ideia reconfortante. Ela põe nosso mundo familiar macroscópico mais em terra firme. Mas restam alguns quebra-cabeças com essa abordagem. Por exemplo, por que a decoerência quântica

1970
Zeh propõem o conceito de decoerência

1996
A decoerência quântica é observada em átomos de rubídio

1999
A difração de *buckyballs* é detectada

age de maneira tão uniforme sobre a monstruosidade quântica na qual consiste um gato? Não poderia metade do animal ficar em estado de penúria quântica enquanto a outra metade se tornaria real? Poderia ele estar literalmente meio vivo e meio morto?

Além disso, o que restringe o resultado de uma função de onda decaída aos aspectos observáveis apropriados? Por que um fóton ou uma onda de luz aparece quando necessário ou uma onda de luz quando uma fenda é colocada em seu caminho? A decoerência nos diz muito pouco sobre a dualidade onda-partícula.

Grandes sistemas Uma maneira de aprender mais é analisar e estudar um fenômeno ou objeto macroscópico que exiba comportamento quântico. Em 1996 e 1998, os físicos franceses Michel Brune, Serge Haroche, Jean-Michel Raimond e seus colegas manipularam campos eletromagnéticos em sobreposição de estados usando átomos de rubídio e viram sua integridade quântica decair. Outros grupos tentaram construir maiores e melhores cenários do tipo gato de Schrödinger.

O comportamento quântico de grandes moléculas é outro caminho. Em 1999, o grupo de Anton Zeilinger, na Áustria, conseguiu observar a difração de *buckyballs* – gaiolas de 60 átomos de carbono chamadas bucminsterfullerenos em homenagem ao arquiteto Buckminster Fuller. Em termos de escala relativa, o experimento foi como disparar uma bola de futebol contra uma fenda do tamanho de um gol e ver a bola interferir e se tornar uma onda. O comprimento de onda da *buckyball* era de um quarto de centésimo do tamanho físico da molécula.

Outro grande sistema no qual efeitos de decoerência podem ser estudados é um imã supercondutor, que em geral existe na forma de um anel de metal supercongelado com alguns centímetros de diâmetro. Supercondutores têm condutividade ilimitada – elétrons podem passar desimpedidos pelo material.

O anel supercondutor adota níveis particulares de energia ou estados quânticos. Então, é possível ver como eles entram em interferência se os colocamos perto um do outro, digamos, com correntes fluindo em direções opostas, em sentido horário e anti-horário. Uma pletora de estudos já provou que quanto maiores são os sistemas, mais rápido entram em decoerência.

Vazamento quântico A decoerência pode ser concebida como um vazamento de informação quântica para o ambiente por meio de muitas interações pequenas. Ele não faz funções de onda realmente colapsarem, mas simula isso, pois os componentes quânticos de um sistema se tornam cada vez mais desacoplados.

A decoerência não resolve o problema de medição. Como dispositivos de medição precisam ser grandes o suficiente para que possamos lê-los, eles simplesmente se tornam sistemas quânticos complexos situados no caminho do sistema intocado que tentamos observar. Cada uma das muitas partículas que compõem o detector interage com suas vizinhas de maneira complexa. Esses muitos estados emaranhados gradualmente entram em decoerência, até que reste apenas um amontado de estados separados. Esse "monte de areia" quântico se torna o resultado final da medição, como a informação quântica externa do sistema original absorvida.

> **"Existe uma grande dificuldade com uma boa hipótese. Quando ela é finalizada e arredondada, com os cantos aparados e o conteúdo coerente e coeso, ela tende a se tornar um objeto em si, uma obra de arte."**
>
> **John Steinbeck**, 1941

No final, a ideia de uma teia de interações quânticas embaraçadas mostra que o "realismo" está morto. Assim como o "localismo" – a transmissão de sinais através de comunicação direta limitada pela velocidade da luz –, o "realismo" – a ideia de que uma partícula existe como uma entidade separada – é uma charada. A realidade aparente do mundo é uma máscara que esconde o fato de que ele é realmente feito de cinzas quânticas.

A ideia condensada: Vazamento de informação

44 Qubits

Computadores quânticos podem, um dia, substituir tecnologias baseadas em silício. Podem vir a ser poderosos o suficiente para quebrar quase qualquer código. Ainda apenas protótipos, eles manipulam unidades de dados binários na forma de "*bits* quânticos" ou estados de átomos. Baseados em mecânica quântica, eles podem explorar fenômenos como o emaranhamento para fazer milhões de cálculos de uma vez.

As pequenas dimensões de sistemas quânticos e sua capacidade de existir em diferentes estados trazem a possibilidade de construir tipos de computadores radicalmente novos. Em vez de usar dispositivos eletrônicos para armazenar e processar informação digital, átomos individuais são o coração do computador quântico.

Propostos nos anos 1980 e tendo se desenvolvido rapidamente em décadas recentes, computadores quânticos ainda estão longe de se tornarem realidade. Até agora os físicos só conseguiram interligar uma dúzia de átomos de modo que possam ser usados para fazer cálculos. A principal razão é que é difícil isolar átomos – ou quaisquer blocos constituintes de matéria – de maneira que seus estados quânticos possam ser lidos e mantidos imunes a perturbações.

Computadores convencionais funcionam reduzindo números e instruções a um código binário – uma série de zeros e uns. Apesar de normalmente contarmos em múltiplos de dez, computadores pensam em fatores de dois: os números 2 e 6 seriam expressos em notação binária como "10" (um 2 e zero 1) e "110" (um 4, um 2 e zero 1). Cada "dígito binário" 0 ou 1 é conhecido como um *bit*. Um computador eletrônico traduz esse código binário para estados físicos, como ligado ou desligado, dentro de seu *hardware*. Cada distinção do tipo "isso ou aquilo" funcionaria por uma maneira de armazenar dados binários. As sequências de números binários são manipuladas, então, por meio de bancos de portas lógicas, impressos em *chips* de silício.

linha do tempo

1981
Paul Benioff aplica a teoria quântica a computadores

1982
Richard Feynman propõe a ideia de um "computador quântico"

1989
David Deutsch prova que é possível construir um computador quântico

***Bits* quânticos** Computadores quânticos são qualitativamente diferentes. Eles também são baseados em estados de liga-desliga – chamados de *bits* quânticos ou abreviados para *qubits* – mas têm um truque. Assim como sinais binários, *qubits* podem assumir um entre dois diferentes estados. Mas, diferentemente de *bits* comuns, eles podem existir também em uma mistura quântica desses dois estados.

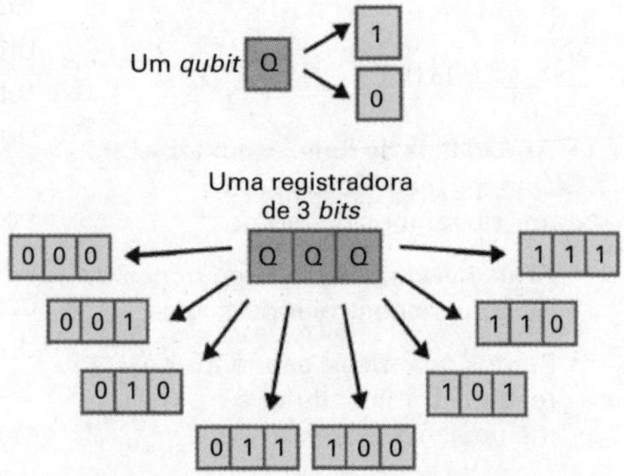

Três *qubits* podem representar oito estados simultaneamente.

Um único *qubit* pode representar uma sobreposição de dois estados, 0 e 1. Um par de *qubits* pode ter quatro estados sobrepostos e três *qubits* cobrem oito estados. A cada *qubit* adicionado, o número de estados simultâneos dobra. Um computador convencional, porém, só consegue estar em um desses dois estados de cada vez. Essa rápida duplicação de ligações entre os *qubits* é que dá ao computador quântico seu poder.

Outro benefício do mundo quântico que pode ser aproveitado para computação é o emaranhamento. O comportamento de *qubits* distantes uns dos outros pode ser ligado por regras quânticas. Trocar o estado de um deles pode alterar o estado de outro simultaneamente, trazendo tanto velocidade quanto versatilidade aos mecanismos para solucionar problemas matemáticos.

Por essas razões, computadores quânticos poderão ser muito mais rápidos do que máquinas tradicionais para realizar alguns tipos de cálculos. Redes quânticas são particularmente eficientes e adequadas para resolver problemas que requerem aumento rápido de escala ou redes complexas de comunicação interligada.

Em 1994, o campo de pesquisa ganhou impulso quando o matemático Peter Shor desenvolveu um algoritmo eficiente para fatorar grandes números inteiros – descobrir quais números primos multiplicados os compõem – em computadores quânticos. O algoritmo de Shor já foi imple-

1995 Shor propõe seu algoritmo de fatoração

2001 Cientistas demonstram o algoritmo de Shor em um computador quântico

2007 Uma empresa canadense demonstra um computador de armadilha de íons com 16 *bits*

Dispositivos de qubits

- **Armadilhas de íons:** usam luz e campos magnéticos para aprisionar íons ou átomos.
- **Armadilhas ópticas:** usam ondas de luz para controlar partículas.
- **Pontos quânticos:** são feitos de material semicondutor e manipulam elétrons.
- **Circuitos supercondutores:** deixam elétrons fluírem quase sem resistência sob temperaturas muito baixas.

mentado por vários físicos ao usarem um punhado de *qubits*. Apesar de isso ter sido um avanço técnico, os resultados até agora não são exatamente fantásticos: eles demonstraram que 15 é 3 vezes 5 e que 21 é 3 vezes 7. Mas ainda estamos no início. Quando grandes computadores quânticos estiverem disponíveis, o poder do algoritmo de Shor ficará claro. Ele poderia potencialmente ser usado para quebrar todos os códigos de criptografia da internet, criando a necessidade de novas formas de proteger informação online.

Mantendo a coerência Como é possível construir um computador quântico? Primeiro, é preciso alguns *qubits*. Estes podem ser montados a partir de quase qualquer sistema quântico que possa adotar dois estados diferentes. Fótons são os mais simples – usando talvez duas direções de polarização distintas, vertical e horizontal. Átomos ou íons com diferentes arranjos de elétrons já foram testados, assim como os supercondutores com correntes de elétrons fluindo em sentido horário e anti-horário.

Assim como o gato de Schrödinger está ao mesmo tempo vivo e morto quando permanece oculto dentro de sua caixa, *qubits* se sobrepõem até que seu estado final seja determinado por uma medição. Suas funções de onda – assim como a do famoso gato – são suscetíveis a um colapso parcial por meio de muitas interações com seu ambiente. Limitar essa decoerência quântica é um grande desafio para a computação quântica. Dentro do dispositivo é importante manter os *qubits* em isolamento, de modo que suas funções de onda não sejam perturbadas. Ao mesmo tempo, é preciso que os *qubits* possam ser manipulados.

Qu*bits* individuais, como átomos ou íons, podem estar embutidos em pequenas celas. Um invólucro de cobre ou vidro poderia protegê-los de campos eletromagnéticos indesejados e permitir que eletrodos fossem conectados. Os átomos precisam ser mantidos em condições de vácuo para evitar interações com outros átomos. *Lasers* e outros dispositivos ópticos podem ser usados para alterar as energias e os estados quânticos dos *qubits*, como os níveis ou *spins* de elétrons.

Até agora, foram feitos apenas protótipos de pequenas "caixas registradoras" quânticas, com cerca de dez *qubits*. Há muitos desafios. Primeiro, até mesmo a construção e o isolamento de um único *qubit* é difícil. Mantê-lo estável por longos períodos sem que perca sua coerência quântica é difícil, assim como garantir que ele forneça resultados precisos e replicáveis – toda vez que multiplicamos 3 por 5 queremos a resposta certa. Juntar muitos *qubits* representa uma complexidade. E com os arranjos de *qubits* cada vez maiores, a dificuldade de controlar o conjunto todo cresce muito. A possibilidade de interações indesejadas aumenta e a precisão é afetada.

Computadores do futuro Com a tecnologia de computadores de *chips* de silício atingindo seu limite, aguardamos técnicas quânticas que garantam um novo nível de poder. Um computador quântico pode simular quase qualquer coisa e pode até ser a chave para a criação de uma máquina artificialmente inteligente.

Ao realizar muitos cálculos simultaneamente, computadores quânticos estão efetivamente fazendo matemática entre universos paralelos, em vez de máquinas paralelas.

Assim como a função de Shor, novos tipos de algoritmos serão necessários para explorar esse poder. Mas a fonte da força de um computador quântico será também sua fraqueza. Por eles serem tão sensíveis ao ambiente, eles também são fundamentalmente frágeis.

“Se os computadores que você construir forem quânticos, todas as facções de espionagem vão querê-los. Todos os nossos códigos falharão e eles lerão nossos e-mails até que tenhamos criptografia quântica e os superemos.”

Jennifer e Peter Shor

A ideia condensada: Computação verdadeiramente paralela

45 Criptografia quântica

Nossa habilidade para enviar mensagens privadas codificadas está sob ameaça caso computadores se tornem tão poderosos que possam quebrar quase qualquer código. Um recurso à prova de fraude é empregar a incerteza quântica e o emaranhamento para embaralhar mensagens. Qualquer bisbilhoteiro alteraria o estado quântico do sistema, tornando evidente qualquer tipo de intrusão e destruindo a mensagem em si.

Sempre que você consulta sua conta bancária ou envia um e-mail pela internet, seu computador troca mensagens em um formato embaralhado que ninguém, exceto o receptor, pode ler. As letras e números são transformados em uma mensagem codificada, que é reconstruída na outra ponta, usando uma chave para traduzi-la.

Códigos têm sido usados por muito tempo como forma de impedir as pessoas de se intrometerem. O imperador romano Júlio César usava uma cifra simples para passar suas mensagens: simplesmente trocar umas letras por outras. Trocar cada letra por outra uma ou duas casas para a frente no alfabeto transformaria a mensagem "SOCORRO" em um irreconhecível "UQEQTTQ".

Na Segunda Guerra Mundial, os nazistas construíram máquinas para automatizar o processo de codificação de suas comunicações secretas. O dispositivo mais sofisticado, com a aparência de uma máquina de escrever, era chamado Enigma. A beleza de usar uma máquina para codificar frases era que a correspondência precisa das letras de um original para uma versão encriptada dependia de como uma máquina em particular era construída. Não havia regras simples que um interceptador pudesse seguir – era necessário possuir uma máquina de correspondência para revelar o código.

Entre matemáticos britânicos que trabalhavam em Bletchley Park, as instalações secretas do governo para quebra de códigos, estava

linha do tempo

1935
O paradoxo EPR é sugerido

1938
Turing começa a trabalhar com decodificação em Bletchley Park

1982
Alain Aspect prova que o emaranhamento acontece

Alan Turing, que ganhou fama ao derrotar a Enigma ao determinar as probabilidades de certas combinações de letras ocorrerem. Para a mensagem "SOCORRO", por exemplo, Turing teria percebido que o duplo "TT" seria provavelmente um "SS" ou um "RR", talvez um "OO". Com palavras suficientes, o código seria quebrado. As mensagens alemãs que ele decifrou em Bletchley viraram o jogo da guerra em favor dos aliados.

"Eu sabia que o dia em que eu seria capaz de enviar mensagens completas sem cabos ou fios atravessando o Atlântico não estava distante."

Guglielmo Marconi

Chaves secretas Com as tecnologias de comunicação avançando, códigos cada vez mais complicados são necessários. Mesmo aqueles baseados em máquinas não são imunes. Para um código à prova de quebra, idealmente seria necessário um mapeamento único e randômico de uma letra para aquela codificada. Se o leitor tem a mesma chave para o código, ele pode então traduzir a mensagem.

Chaves são frequentemente usadas em um de dois modos conhecidos como criptologia de chave pública ou secreta. No primeiro caso, o emissor escolhe duas chaves interligadas. Um ele mantém para si, o outro ele torna público. Assim como inserir uma carta em uma caixa de correio metálica com duas portas, qualquer um pode enviar mensagens para ele usando o código parcial, que é a chave pública. Mas só ele possui a segunda chave com a qual pode decodificá-la totalmente. O segundo método usa uma chave, que precisa ser compartilhada entre duas pessoas que desejam interagir. Nesse caso, o código só é seguro enquanto se mantiver secreto.

Nenhum método é à prova de falhas. Mas alguns truques quânticos podem lhes dar mais sustentação. Chaves de compartilhamento público precisam ter comprimentos enormes para prevenir tentativas sistemáticas de quebrá-las. Mas isso torna lento o processo de encriptação e decifração.

Quanto mais rápidos se tornam os computadores, maiores precisam ser as chaves. Quando computadores quânticos se tornarem viáveis, a maioria dos códigos de chave pública poderiam ser quebrados rapidamente.

1998
Fótons emaranhados são transmitidos por 10 km ao longo de Genebra

2007
Fótons emaranhados enviados por 144 km entre ilhas nas Canárias

O problema com a abordagem da chave secreta é que você precisa encontrar a pessoa com a qual está se comunicando para entregar uma chave. Você teria de enviar uma mensagem contendo informação sobre a chave, e essa mensagem pode ser comprometida ou bisbilhotada. A física quântica oferece uma solução.

Chaves quânticas Você poderia enviar sua chave usando fótons. Uma mensagem em formato binário – uma sequência de zeros e uns – pode ser passada usando fótons com duas polarizações, vertical e horizontal. E a incerteza quântica pode ser cooptada para encriptar essa informação.

Imagine duas pessoas que desejam enviar uma mensagem. Anne inicialmente cria sua mensagem em um conjunto de fótons ao ajustar suas polarizações. Para enviar sua mensagem de maneira privada, ela a embaralha. Isso pode ser feito enviando os fótons por um conjunto de filtros ortogonais escolhidos aleatoriamente, cada um capaz de medir duas direções de polarizações ortogonais, mas orientados a 45 graus um do outro. (+ ou ×). Cada fóton agora tem quatro possíveis estados de polarização – vertical, horizontal, inclinado para esquerda ou inclinado à direita.

Bert, correspondente de Anne, recebe esses fótons embaralhados. Ele também escolhe um filtro para cada um e registra o que mediu. Até aqui Bert possui apenas um conjunto de observações aparentemente aleatórias. Mas a mágica acontece quando Anne e Bert comparam anotações. Bert diz a Anne que filtro usou para cada fóton; Anne diz se estão corretos ou incorretos. Essa informação é suficiente para que Bert traduza a mensagem binária.

Como apenas Bert sabe os resultados, qualquer terceiro seria incapaz de descobrir o que a dupla está dizendo. Melhor ainda, se o bisbilhoteiro tentar interceptar os fótons, a mecânica quântica nos dirá que eles alterarão as propriedades das partículas. A comparação entre Anne e Bert, então, resultaria em discrepâncias – e eles saberiam que alguém está na escuta.

Mensagens emaranhadas A criptografia quântica é muito promissora. Mas ela é essencialmente um método que ainda está no papel. Mensagens já foram transmitidas, mas a distâncias relativamente curtas. O problema principal é que qualquer fóton vai interagir com muitas outras partículas ao longo do caminho e pode perder seu sinal.

Uma maneira de evitar essa degradação de informação é empregar o emaranhamento quântico. Um fóton individual não precisa fazer o sacrifício de viajar quilômetros até seu destino – basta que o receptor tenha um fóton acoplado cujas propriedades estejam emaranhadas com a partícula pareada do emissor.

Quando a emissora Anne muda o estado de seu fóton, o parceiro emaranhado simultaneamente se altera para o estado complementar. Bert, então, poderia extrair a mensagem ao adicionar uma etapa que leve em conta regras quânticas.

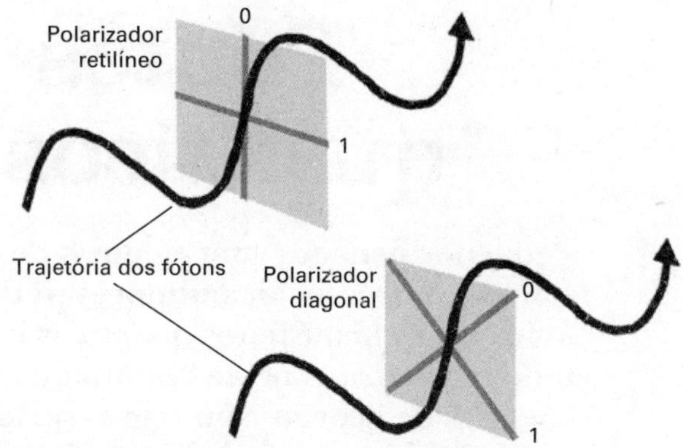

Filtros rotacionados podem ser usados para encriptar informação em fótons.

Em 2007, Anton Zeilinger e sua equipe na Áustria conseguiram enviar mensagens ao longo de 144 km entre duas ilhas nas Canárias usando pares de fótons emaranhados – uma façanha conhecida como teletransporte quântico. Os fótons têm polarizações opostas, ajustadas pelo acoplamento das partículas em algum ponto. O grupo de Zeilinger conseguiu transmitir informação ao longo de um cabo de fibra óptica ao manipular um fóton e assistir a seu parceiro emaranhado na outra ponta.

A ideia condensada: Mensagens embaralhadas

46 Pontos quânticos

Pequenos pedaços com algumas dezenas de átomos de silício e outros semicondutores podem agir como uma única molécula. Efeitos quânticos entram em cena, e todos os elétrons nesse "ponto quântico" alinham suas energias de acordo com regras quânticas. Assim como o átomo de hidrogênio brilha quando seus elétrons pulam para energias mais baixas, pontos quânticos podem ter brilho vermelho, verde ou azul, tornando-os úteis como fontes de luz e biossensores.

De *chips* de silício a diodos de germânio, boa parte da eletrônica moderna é construída pela indústria de semicondutores. Materiais semicondutores normalmente não conduzem eletricidade – seus elétrons estão trancados dentro da armação do cristal. Mas com um impulso de energia, elétrons podem ser libertados para transitar pelo cristal e formar uma corrente.

A energia que elétrons precisam ganhar para atingir esse limiar de mobilidade é conhecida como "banda proibida". Se elétrons excedem o *gap* de energia, eles se tornam livres para se moverem e a resistência do material elétrico cai rapidamente. É essa flexibilidade – ficar entre o isolamento e a condutividade – que torna semicondutores tão valiosos para fabricar dispositivos eletronicamente controláveis.

A maioria dos componentes eletrônicos convencionais usa pedaços de material semicondutor relativamente grandes. Você pode colocar um pedaço de semicondutor na palma de sua mão ou soldar um resistor novo em seu rádio. Mas nos anos 1908, físicos descobriram que pequenos pedaços desses elementos se comportam de maneira incomum. Efeitos quânticos aparecem.

Pequenos fragmentos de elementos semicondutores como silício, contendo apenas algumas dezenas de átomos, são conhecidos como

linha do tempo

1925 Pauli elabora o princípio da exclusão

1981 Alexei Ekimov publica sobre o efeito quântico dos tamanhos

1983 Louis Brus publica sobre efeito do tamanho quântico de semicondutores "pontos quânticos". Eles medem cerca de um nanômetro (um bilionésimo de metro), o tamanho aproximado de uma molécula grande.

> **"Todo o mundo visível é um ponto imperceptível no amplo seio da natureza."**
>
> **Blaise Pascal, 1670**

Como pontos quânticos são tão pequenos, elétrons entre deles se tornam correlacionados em razão de conexões quânticas. Essencialmente, o conjunto todo começa a se comportar como uma entidade única. Às vezes eles são chamados de "átomos artificiais".

Como eles são férmions, em razão do princípio da exclusão de Pauli, cada elétron deve ocupar um estado quântico diferente. Resulta disso uma hierarquia de elétrons, dando ao ponto quântico um conjunto novo de níveis de energia, como se fossem os vários orbitais de um único átomo.

Quando um elétron pula para uma energia mais alta, deixa para trás um "buraco" na estrutura cristalina, que em termos relativos tem carga positiva. O par elétron-buraco é análogo a um átomo de hidrogênio (um próton em um elétron). E, como um átomo de hidrogênio, o ponto quântico pode absorver e emitir fótons quando elétrons pulam de uma energia para outra. O ponto quântico começa a brilhar.

A energia média que espaça os degraus da escada de estados quânticos depende do tamanho do ponto. E a frequência da luz emitida

Biossensores

Muitos biólogos usam corantes químicos, alguns fluorescentes, para rastrear mudanças em organismos durante experimentos de laboratórios ou na natureza. Alguns têm desvantagens. Por exemplo, eles podem se deteriorar rapidamente, desbotando ou desaparecendo. Pontos quânticos oferecem algumas vantagens por não serem quimicamente reativos e por sobreviverem mais tempo. E como a luz que eles emitem se espalha por uma faixa de frequência muito estreita, podem ser identificados mais prontamente num ambiente por meio de filtros apropriados. Pontos quânticos podem ser dezenas de vezes mais brilhantes e centenas de vezes mais estáveis do que corantes convencionais.

1998
Mark Reed batiza os "pontos quânticos" em um estudo

1990
Pesquisadores fazem silício adquirir brilho vermelho

Confinamento quântico

Quando o tamanho de um fragmento de semicondutor é próximo ao do comprimento da função de onda de um elétron, efeitos quânticos começam a dominar. Pontos quânticos agem como se fossem uma única molécula e suas faixas de energia mudam em resposta a isso. Isso é conhecido como confinamento quântico.

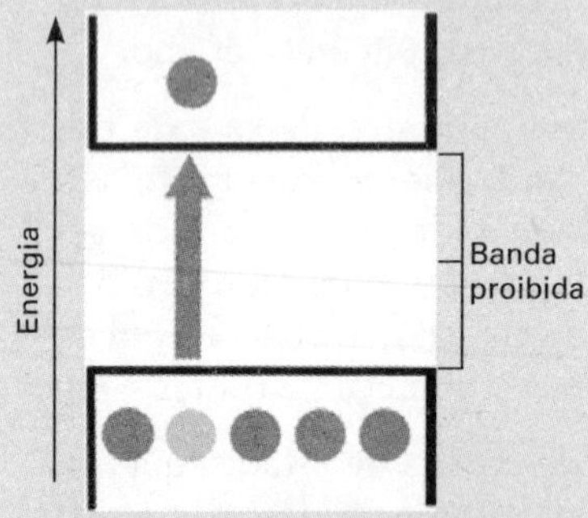

Elétrons podem pular para níveis de energia mais altos quando estão livres para se mover. É assim que pontos quânticos brilham.

também. Pontos maiores têm lacunas de energia mais aproximadas e seu brilho é vermelho. Pontos pequenos têm brilho azul. Isso abre uma vasta gama de aplicações para pontos quânticos como marcadores, sensores e fontes de luz.

Pontos em ação Físicos tentaram por muito tempo fazer o silício emitir luz. O silício é usado em painéis solares, por exemplo, porque capturar luz ultravioleta os torna condutores e faz com que eletricidade comece a fluir. Mas fazer o inverso parecia impossível, até que em 1990 pesquisadores europeus fizeram um pequeno pedaço de silício ter brilho vermelho em razão de seu comportamento quântico.

Desde então, pesquisadores avançaram com o silício para criar brilho vermelho e azul. A luz azul é especialmente valiosa, por ser normalmente mais difícil de se atingir sem condições laboratoriais extremas. Pontos quânticos podem formar a base para novos tipos de *lasers* azuis.

Pontos feitos de silício e germânio agora expandem o espectro dos comprimentos de onda do infravermelho até o ultravioleta. Sua luminosidade pode ser ajustada com precisão e facilidade, simplesmente variando seu tamanho. Tecnologia de pontos quânticos pode ser usada para fazer diodos emissores de luz (LED), que vêm sendo usados em telas de computador, TV e como fonte de luz de baixo consumo energético. Pontos quânticos podem um dia ser usados como *qubits* para computação quântica e criptografia. Como eles agem como átomos individuais, podem até mesmo ficar emaranhados.

Pontos quânticos podem também ser usados como biossensores – detectando substâncias químicas nocivas para a saúde e o ambiente. Eles são mais duradouros que corantes químicos fluorescentes e emitem luz de frequências mais exatas, que os torna mais fáceis de detectar. Pontos também podem ser usados em tecnologia óptica, como em interrupto-

> “A história da física de semicondutores não é feita de grandes teorias heroicas, mas de trabalho duro inteligente.”
>
> **Ernest Braun, 1992**

res ultrarrápidos e portas lógicas para computação óptica e para sinalizar fibras ópticas inoperantes.

Como são feitos os pontos quânticos? A maior parte dos dispositivos de semicondutores é gravada em folhas grandes de materiais como silício. Pontos quânticos, porém, são montados átomo por átomo. Como eles são construídos de baixo para cima, seu tamanho e estrutura podem ser controlados com precisão. Pontos quânticos podem ser cultivados como cristais em soluções. Podem ser produzidos em massa, resultando em um pó ou partículas em solução. Pontos quânticos podem ser feitos de ligas de cádmio e irídio, além de silício e germânio.

Alguns pesquisadores estão conectando diversos pontos quânticos para fazer estruturas microscópicas e circuitos. As redes são interligadas por minúsculos cabos quânticos. Mas os cabos devem ser fabricados e conectados com cuidado para preservar o estado quântico dos pontos. Eles podem ser formados de longas e finas moléculas orgânicas quimicamente ligadas à superfície do ponto. Dessa maneira, armações, folhas e outros arranjos de pontos podem ser construídos.

A ideia condensada: Todos juntos agora

47 Supercondutividade

A temperaturas superfrias, alguns metais, ligas e cerâmicas perdem completamente sua resistência elétrica. Correntes ficam livres para fluir por bilhões de anos sem perder energia. A explicação está na mecânica quântica. Ao formarem pares e com uma oscilação suave da estrutura de íons positivos, elétrons podem se unir.

Em 1911, o físico holandês Heike Kamerlingh Onnes estava examinando as propriedades de metais super-resfriados. Ele havia criado uma maneira de resfriar hélio ao ponto de o tornar líquido, sob congelantes 4,2 Kelvins (4 graus acima do zero absoluto ou −273 °C, a menor temperatura possível). Ao banhar metais em hélio líquido, ele podia verificar como seus comportamentos se alteravam.

Para sua surpresa, quando ele colocou um tubo de ensaio com mercúrio no hélio líquido, a resistência elétrica do metal despencou. Mercúrio é líquido à temperatura ambiente (cerca de 300 Kelvins); a 4 Kelvins ele se torna sólido. Nesse estado superfrio, mercúrio é um condutor perfeito – sua resistência é zero. Mercúrio sólido é então um "supercondutor".

Logo se descobriu que outros metais – como chumbo, nióbio e ródio – são supercondutores, apesar de materiais comuns usados em cabos elétricos à temperatura ambiente – mais precisamente cobre, prata e ouro – não o serem. Chumbo se torna supercondutor a 7,2 Kelvins e outros elementos que o fazem possuem uma "temperatura crítica" específica abaixo da qual sua resistência desaparece. As correntes elétricas que fluem por supercondutores nunca desaceleram. Correntes podem seguir por um anel de chumbo superfrio por anos sem perder nenhuma energia. À temperatura ambiente, porém, elas decaem rapidamente.

Em supercondutores a resistência é tão baixa que correntes podem girar por bilhões de anos sem se enfraquecerem. Regras quânticas

linha do tempo

1911
Onnes descobre a supercondutividade

1933
O efeito Meissner é descoberto

1957
A teoria BCS é publicada

impedem que elas percam energia – não há estados viáveis com os quais elas possam fazê-lo.

Explicando supercondutores O desenvolvimento de uma explicação completa para a supercondutividade levou muitas décadas. Em 1957, três físicos americanos, John Bardeen, Leon Cooper e John Schrieffer, publicaram a teoria "BCS" sobre a supercondutividade. Ela descrevia como os movimentos de elétrons dentro de um material supercondutor se torna coordenado, de modo que eles atuem como um sistema único cujo comportamento pode ser descrito usando equações de onda.

> **"O mercúrio a 4,2 K entrou então em um novo estado, o qual, por suas propriedades elétricas particulares, pode ser chamado de um estado de supercondutividade."**
>
> **Heike Kamerlingh Onnes, 1913**

Metais são feitos de uma estrutura de íons positivamente carregados cercados de um mar de elétrons. Os elétrons são livres para se moverem pela estrutura, produzindo uma corrente elétrica quando o fazem. Mas eles precisam superar forças que se opõem ao seu movimento. Sob temperatura ambiente, átomos não são estáticos. Eles chacoalham. Elétrons em movimento precisam, então, desviar dos íons oscilantes e podem se dispersar quando se chocam com estes. Essas colisões produzem resistência elétrica, atrapalhando a corrente e desperdiçando energia. Sob temperaturas superfrias, os íons não chacoalham tanto. Os elétrons, então, podem se deslocar mais antes de baterem em algo. Mas isso não explica por que a resistência cai subitamente para zero sob a temperatura crítica, em vez de se reduzir gradualmente.

Um pista sobre o que pode estar acontecendo é que a temperatura crítica cresce com a massa atômica do material supercondutor. Se fosse apenas em razão das propriedades do elétron, não seria esse o caso, pois elétrons são todos iguais para qualquer efeito. Então, isótopos mais pesados de mercúrio, por exemplo, têm uma temperatura crítica ligeiramente menor. Isso sugere que toda a malha da estrutura do metal está envolvida – não só elétrons, mas os íons pesados também estão se movendo.

1986
Temperatura crítica de 30 K é atingida

1987
Limite do nitrogênio é rompido

Levitação Magnética

Se um pequeno ímã se aproximar de um supercondutor, ele será repelido em razão do efeito Meissner. O supercondutor age essencialmente como um espelho magnético, criando campos opostos em sua superfície que empurram o ímã de volta. Isso pode fazer o ímã flutuar sobre a superfície supercondutora. Essa física poderia ser a base para sistemas de transporte por levitação magnética, ou "maglev". Trens construídos sobre bases magnéticas poderiam flutuar e voar sobre trilhos supercondutores sem fricção.

A teoria BCS sugere que os elétrons ficam de mãos dadas e fazem uma espécie de dança. A vibração da própria estrutura determina o andamento da valsa dos elétrons. Os elétrons formam pares – conhecidos como pares de Cooper – cujos movimentos estão entrelaçados.

Elétrons são férmions que normalmente seriam impedidos pelo princípio da exclusão de Pauli de ficar no mesmo estado quântico. Mas quando pareados, os elétrons se comportam mais como bósons e podem adotar estados similares. A energia do conjunto diminui como resultado disso. Uma banda proibida de energia acima deles age como uma proteção. Sob temperaturas muito frias, os elétrons não têm energia suficiente para se libertar e andar pela estrutura. Eles, então, evitam as colisões que causam resistência.

A teoria BCS prevê que a supercondutividade falha se os elétrons têm energia suficiente para superar a banda proibida. Do mesmo modo, viu-se que o tamanho da banda proibida cresce com a temperatura crítica.

Além de terem resistência zero, supercondutores têm outra propriedade estranha – eles podem reter um campo magnético. Isso foi descoberto em 1933 por Walter Meissner e Robert Ochsenfeld e é conhecido como efeito Meissner. O supercondutor cria campos magnéticos ao gerar correntes em sua superfície que cancela o que existiria dentro deles se fossem condutores normais.

Esquentando Nos anos 1960 teve início uma corrida em busca de novos tipos de supercondutores. Físicos queriam encontrar supercondutores com altas temperaturas críticas que pudessem ser usados mais amplamente. Hélio líquido é difícil de produzir e manter. Nitrogênio líquido, que fica a 77 Kelvins, é muito mais fácil de se produzir e manipular. Físicos buscam materiais que possam funcionar sob temperaturas que podem ser atingidas com nitrogênio líquido. Supercondutores que funcionem à temperatura ambiente são o objetivo final, mas ainda estamos longe disso.

Descobriu-se que ligas supercondutoras, como as de nióbio e titânio, ou nióbio e estanho, são supercondutoras a temperaturas ligeiramente maiores (10 Kelvins e 18 Kelvins, respectivamente) do que seus elementos puros. Elas foram empregadas em cabos supercondutores para construir ímãs fortes que pudessem ser usados em aceleradores de partículas.

“É preciso um pesquisador treinado e ponderado para manter em vista o objetivo e para detectar evidência do progresso rastejando em sua direção.”

John C. Polanyi, 1986

Outra previsão do físico britânico Brian Josephson levou a uma série de novos dispositivos. Josephson deduziu que seria possível fazer uma corrente fluir por um sanduíche de dois supercondutores separados por uma fina camada isolante. A energia elétrica poderia passar pelo recheio do sanduíche por tunelamento quântico – formando uma junção de Josephson. Eles são sensíveis o suficiente para medir campos magnéticos com um bilionésimo da força do campo magnético da Terra.

Em 1986, Georg Bednorz e Alex Müller descobriram tipos de cerâmicas que poderiam superconduzir a 30 Kelvins, um grande avanço. Elas são feitas de misturas de bário, lantânio, cobre e oxigênio (cupratos). Isso era inesperado, pois cerâmicas normalmente são usadas como isolantes a temperaturas normais – como protetores em torres e subestações elétricas, por exemplo.

Um ano depois, uma cerâmica que continha ítrio em vez de lantânio se mostrou capaz de superconduzir a cerca de 90 Kelvins. Isso quebrou o limite do nitrogênio líquido, tornando economicamente viável usar a supercondutividade e despertando uma nova corrida parar achar outros supercondutores de alta temperatura crítica. Hoje eles excedem os 130 Kelvins, mas nenhum é útil em temperatura ambiente.

A ideia condensada: No fluxo

48 Condensados de Bose-Einstein

Quando grupos de bósons são extremamente frios, eles podem se reduzir a seu mais baixo estado de energia. Não há limite para quantos bósons podem manter um mesmo estado e, assim, manifestam-se comportamentos quantomecânicos estranhos – como a superfluidez e a interferência.

Partículas existem em dois tipos – bósons e férmions – de acordo com seu *spin* quântico de valores inteiros ou fracionados. Bósons incluem os fótons, outros transmissores de forças e átomos simétricos, como o hélio (cujo núcleo contém dois prótons e dois nêutrons). Elétrons, prótons e nêutrons são férmions.

De acordo com o princípio da exclusão de Pauli, dois férmions nunca podem existir no mesmo estado quântico. Bósons, por outro lado, são livres para fazer o que quiserem. Em 1924, Albert Einstein imaginou o que aconteceria se muitos bósons se juntassem em um único estado primário, como se tivessem sido esmagados para um buraco negro quântico. Como essa comunidade de clones se comportaria?

Satyendra Nath Bose, um físico indiano, tinha enviado a Einstein um estudo sobre a estatística quântica dos fótons. Einstein considerou o trabalho tão importante que traduziu e republicou o artigo de Bose em alemão, depois começou a tentar estender a ideia para outras partículas. O resultado era uma descrição estatística das propriedades quânticas dos bósons, que receberam seu nome em homenagem a Bose.

Bose e Einstein imaginaram um gás feito de bósons. Assim como átomos em um vapor assumem uma gama de energias em torno de uma velocidade média que depende da temperatura do gás, os bósons também adotam uma gama de estados quânticos. Os físicos derivaram uma expressão matemática para essa distribuição de estados, hoje conhecida como estatística de Bose-Einstein, que se aplica a qualquer grupo de bósons.

linha do tempo

1924 Condensados de Bose-Einstein são propostos

1925 Pauli elabora o princípio da exclusão

1938 London observa a natureza superfluída do hélio

Einstein então questionou o que aconteceria se a temperatura caísse. Todos os bósons perderiam energia. Em algum momento, ele pensou, a maioria deles iria se "condensar" no menor nível possível de energia. Em teoria, um número indefinido poderia ficar com essa energia mínima, formando um novo tipo de matéria que agora chamamos de condensado de Bose-Einstein. Quando feitos de muitos átomos, condensados podem exibir comportamento quântico em escala macroscópica.

"A partir de certa temperatura, as moléculas 'condensam' sem forças atrativas, ou seja, elas se acumulam com velocidade zero. A teoria é bonita, mas haveria também algo de real nela?"

Albert Einstein, 1924

Superfluídos A criação de um gás de condensado de Bose-Einstein no laboratório teve de esperar até os anos 1990. Enquanto isso, pistas e ideias saíam de estudos sobre o hélio. Hélio líquido condensa a uma temperatura de cerca de 4 Kelvins. Pyotr Kapitsa, John Allen e Don Misener descobriram, em 1938, que se o hélio for resfriado ainda mais, até 2 Kelvins, ele começará a se comportar de modo muito estranho. Assim como o mercúrio hiperfrio se torna condutor subitamente, hélio líquido começa a perder sua resistência a fluir.

O hélio líquido se torna um "superfluído" com viscosidade zero. Fritz London propôs a condensação Bose-Einstein como um possível mecanismo para esse estranho comportamento – alguns dos átomos de hélio teriam reduzido seu estado de energia para o mínimo, coletivamente, onde não eram suscetíveis a colisões. Mas, por ser um líquido, e não um gás, hélio superfluído não se encaixava muito bem nas equações de Einstein para que a proposta de London pudesse ser testada.

Um longo tempo se passou até físicos desenvolverem as tecnologias necessárias para fazer um condensado gasoso em laboratório. Colocar tantas partículas em um único estado quântico não é fácil. As partículas envolvidas precisam ser quantomecanicamente idênticas, o que é difícil de atingir para átomos inteiros. A melhor maneira de progredir é fazer um gás diluído de átomos, aquecê-los a baixas temperaturas e aproximá-los, de forma que suas funções de onda se sobreponham.

1995
Primeiros condensados gasosos feitos em laboratório

1999
Hau desacelera um feixe de luz

SATYENDRA NATH BOSE (1894-1974)

Satyendra Nath Bose nasceu em Kolkata, hoje Calcutá, em Bengala Ocidental, Índia. Ele estudou matemática, obtendo mestrado em 1913 com as notas mais altas já concedidas na Universidade de Calcutá. Em 1924, Bose escreveu um estudo influente apresentando uma nova maneira de derivar a lei de radiação quântica de Max Planck. Ele deu origem à área da estatística quântica e atraiu a atenção de Albert Einstein, que o traduziu e o republicou. Bose trabalhou na Europa por muitos anos com Louis de Broglie, Marie Curie e Einstein, antes de retornar à Universidade de Daca, em Bengala, onde construiu laboratórios para fazer cristalografia de raios X. Após a Índia ser dividida, Bose retornou a Calcutá. Dedicou um bocado de tempo promovendo a língua bengali. Bose nunca ganhou um prêmio Nobel. Questionado sobre isso, disse: "Já recebi todo o reconhecimento que eu mereço".

Átomos aprisionados em armadilhas magnéticas, com *lasers* disparados contra eles, podem hoje ser resfriados a temperaturas com bilionésimos de Kelvins (nanokelvins). Em 1995, Eric Cornell e Carl Wieman, da Universidade do Colorado em Boulder, conseguiram criar o primeiro condensado de Bose-Einstein usando cerca de 2.000 átomos de rubídio a apenas 170 nanokelvins.

Alguns meses depois, Wolfgang Ketterle, do MIT, que depois compartilhou um prêmio Nobel com Cornell e Wieman, obteve sucesso com átomos de sódio. Usando cem vezes mais átomos, Ketterle conseguiu revelar novos comportamentos, como a interferência quântica entre dois condensados.

Estranhice superfria Um bocado de pesquisas que estão sendo feitas hoje sobre condensados de Bose-Einstein e superfluídos têm revelado suas propriedades estranhas. Quando condensados e superfluídos são agitados ou colocados em rotação, vórtices ou redemoinhos podem surgir. O momento angular desses turbilhões é quantizado, aparecendo em múltiplos de uma unidade básica.

Quando condensados ficam grandes demais, eles se tornam instáveis e explodem. Condensados de Bose-Einstein, então, são muito frágeis. Qualquer pequena interação com o mundo externo, ou qualquer aquecimento, pode destruí-los. Experimentalistas estão estudando modos de estabilizar os átomos de modo que grandes condensados possam ser montados.

Um fator é a atração ou repulsão natural entre átomos. Átomos de lítio, por exemplo, tendem a se atrair uns aos outros. Condensados feitos desse elemento, então, implodem repentinamente quando atingem certo tamanho limite, expelindo a maior parte do material ao mesmo tempo, como em uma explosão de supernova. Isótopos de átomos que se repelem naturalmente, como os de rubídio-87, podem ser usados para fazer condensados mais estáveis.

Condensados e superfluídos podem ser usados para desacelerar a luz e detê-la. Em 1999, a física Lene Hau, da Universidade de Harvard, fez um feixe luminoso de *laser* ficar lento e, depois, parar completamente, ao dispará-lo contra um vidro preenchido com vapor de sódio ultrafrio. O condensado efetivamente tenta puxar os fótons incidentes para seu estado, arrastando-os até que eles param.

Hau diminuiu o brilho dos *lasers* até que não sobrasse nenhum fóton no condensado. Mesmo assim, os *spins* dos fótons deixaram uma marca nos átomos de sódio. Essa informação quântica pode, então, ser libertada quando outro feixe de *laser* atravessa o recipiente. A informação pode não apenas ser transmitida pela luz, mas armazenada e recuperada de átomos ultrafrios. Condensados de Bose-Einstein, então, podem um dia vir a ser usados para comunicações quânticas.

A ideia condensada: Erros humanos?

49 Biologia quântica

Efeitos quânticos como a dualidade onda-partícula, o tunelamento e o emaranhamento podem ter papéis importantes em organismos vivos. Eles fazem as reações químicas funcionarem, canalizam energia em torno de células e podem dizer a pássaros como se orientar usando o magnetismo da Terra.

A mecânica quântica rege o mundo frio e probabilístico do átomo. Mas quão importante ela é no mundo natural? É verdade que a mecânica quântica precisa operar em certa medida no nível de moléculas individuais, em plantas, no corpo de animais ou de humanos. Mas é difícil imaginar como funções de onda quânticas se tornam coerentes dentro da bagunça do funcionamento de uma célula ou em uma bactéria.

> **“Estruturas cromossômicas são a palavra da lei e o poder executivo – ou para usar um sinônimo, são o plano do arquiteto e o ofício do construtor em um só.”**
>
> Erwin Schrödinger, 1944

O físico austríaco Erwin Schrödinger foi um dos primeiros a discutir biologia quântica em seu livro O *que é vida?*, de 1944. Cientistas hoje têm feito descobertas que sugerem que a mecânica quântica tem, sim, um papel importante em fenômenos naturais. Pássaros podem usar sua habilidade quântica para sentir o campo magnético da Terra e usá-lo para orientação. A fotossíntese – o processo vital pelo qual organismos convertem água, dióxido de carbono e luz em combustível – também depende de processos subatômicos.

Quando a luz solar bate numa folha, fótons colidem em moléculas de clorofila. A clorofila absorve a energia do fóton, mas precisa canalizá-la para a fábrica química celular que se ocupa de produzir açúcares. Como a célula sabe fazer isso eficientemente?

linha do tempo

1944
Schrödinger publica *O que é vida?*

2004
O modelo de radicais livres é proposto para a bússola das aves

2007
Ondas quânticas são vistas em bactérias fotossintetizantes

A energia do fóton se espalha como ondas ao longo da célula da planta. Assim como a teoria da eletrodinâmica quântica descreve as interações entre fótons e matéria em termos de combinações de todas as trajetórias possíveis com a rota mais provável sendo a resultante, a transmissão de energia através da célula da folha pode ser descrita como sobreposição de ondas. No fim, o caminho ideal retira energia do fóton para o centro de reações químicas da célula.

Equipes de químicos da Universidade da Califórnia, em Berkeley e em outras, encontraram evidência experimental para sustentar essa ideia em anos recentes. Ao disparar pulsos de *laser* contra células fotossintetizantes em meio a bactérias, eles identificaram ondas de energia que fluíam através da célula. Essas ondas se comportam orquestradamente e exibem até efeitos de interferência, provando que estão coerentes. Tudo isso ocorre a temperaturas ambientes normais.

É uma questão em aberto por que esses efeitos quânticos coordenados não são rapidamente perturbados pelas atividades da célula. O químico Seth Lloyd sugeriu que ruído aleatório no ambiente da célula pode, na verdade, ajudar o processo da fotossíntese. Todo o tumulto

O que é vida?

Em 1944, Erwin Schrödinger publicou um livro de ciência popular chamado *O que é vida?*. Nele, o autor resumia lições que a física e a química ofereciam à biologia, com base em uma série de palestras públicas que deu em Dublin. Schrödinger acreditava que informação hereditária estava contida em uma molécula armazenada em suas ligações químicas (genes e o papel do DNA eram desconhecidos na época). O livro começa explicando como a ordem surge da desordem. Como a vida requer ordem, o código mestre de um organismo vivo precisa ser longo, ser feito de muitos átomos e capaz de ser organizado. Mutações surgem de saltos quânticos.
O livro conclui com suas reflexões sobre consciência e livre-arbítrio. Schrödinger acreditava que a consciência é um estado separado do corpo, apesar de dependente dele.

2010
Coerência quântica é medida à temperatura ambiente em bactérias

2011
O emaranhamento é proposto para explicar a bússola aviária

impede a energia das ondas de ficar aprisionada em lugares específicos, desentalando-a suavemente.

Sensação quântica Efeitos quânticos também são importantes em outras reações dentro das células. O tunelamento quântico de prótons de uma molécula para outra é uma característica de algumas reações catalisadas por enzimas. Sem a mãozinha dada pela probabilidade quantomecânica, o próton não deveria ser capaz de pular a barreira de energia necessária. O tunelamento de elétrons também pode estar por trás do sentido do olfato, explicando como receptores em nossos narizes captam vibrações bioquímicas.

Pássaros migratórios usam pistas do campo magnético da Terra. Fótons que incidem sobre a retina da ave ativam um sensor magnético. O mecanismo pelo qual isso ocorre não é conhecido com precisão, mas uma possibilidade é que os fótons incidentes criam um par de radicais livres – moléculas com um único elétron na superfície, que os torna mais fáceis de reagir com outras moléculas. O *spin* quântico desses elétrons solitários excedentes pode se alinhar com os campos magnéticos.

As moléculas reagem com outras de diferentes maneiras dependendo do *spin* dos elétrons, transmitindo então a direção do campo geomagnético. Algumas substâncias são produzidas se o sistema está num estado, mas não são quando está em outro. A concentração da substância pode, então, comunicar ao pássaro a direção do magnetismo da Terra.

Simon Benjamin, um físico da Universidade de Oxford, propôs que dois elétrons solitários conectados a radicais livres também podem ficar emaranhados. Se as moléculas se separam, seus estados de *spin* quântico permanecem interligados. Pesquisadores sugeriram que o emaranhamento pode ser mantido por dezenas de microssegundos em uma bússola interna das aves, durando muito mais que em muitos sistemas químicos "úmidos e quentes".

A mecânica quântica poderia ajudar outros animais e plantas com sentido direcional. Alguns insetos e plantas são sensíveis a campos magnéticos. Por exemplo, o crescimento da planta florescente *Arabidopsis thaliana* é inibido por luz azul, mas campos magnéticos podem modificar esse efeito, talvez envolvendo também o mecanismo do par de radicais.

A habilidade quântica confere vantagens a organismos. Ela parece superar a tendência da natureza à desordem ao operar em temperaturas ambientes, diferentemente de muitas situações em física que requerem ambientes superfrios extremos.

A questão de como ou se tais habilidades evoluíram permanece sem resposta. Cientistas não sabem se efeitos quânticos são favorecidos pela seleção natural ou se eles são um subproduto acidental dos siste-

“Pelo que aprendemos sobre a estrutura da matéria viva, precisamos nos preparar para encontrá-la funcionando de uma maneira que não pode ser reduzida a leis ordinárias da física.”

Erwin Schrödinger, 1956

mas confinados dos quais os organismos são formados. Um dia poderá ser possível comparar moléculas de espécies de alga, por exemplo, que evoluíram em tempos diferentes, para procurar por mudanças evolutivas ao longo do tempo.

Se cientistas descobrissem mais sobre efeitos quânticos em organismos, eles poderiam gerar novas tecnologias empolgantes. A fotossíntese artificial poderia ser uma fonte de energia radicalmente nova, levando talvez a novas formas de painéis solares muito eficientes. A computação quântica também pode se beneficiar do entendimento de como sistemas biológicos evitam a decoerência.

A ideia condensada: Dando uma mãozinha

50 Consciência quântica

Do livre-arbítrio à nossa percepção do tempo, há paralelos entre o funcionamento de nossa mente e a teoria quântica. Muitos físicos questionaram se isso significa que haja uma ligação profunda. Especulações se disseminam sobre se podemos vivenciar a consciência graças ao toque quântico de estruturas microscópicas em nosso cérebro, ao colapso de funções de onda ou ao emaranhamento.

Com suas redes embaraçadas de neurônios e sinapses, o cérebro é um dos sistemas mais complexos conhecidos pelo homem. Nenhum computador se equipara a seu poder de processamento. Poderia a teoria quântica explicar algumas das qualidades únicas do cérebro?

Há duas diferenças fundamentais entre o cérebro e o computador – a memória e a velocidade de processamento. Um computador possui memória muito maior que o cérebro – um disco rígido pode ser infinitamente grande. Mas o cérebro ganha de lavada em velocidade de aprendizagem. Humanos podem identificar uma pessoa numa multidão muito mais rápido que qualquer autômato.

O poder de processamento do cérebro é centenas de milhares de vezes maior do que os mais avançados *chips* de computador. Ainda assim, sinais no cérebro são transmitidos relativamente a passos de tartaruga – até seis ordens de magnitude menor do que sinais digitais. Como resultado dessas velocidades diferentes, o cérebro tem uma estrutura hierárquica, construída sobre muitas camadas que se comunicam entre si. Computadores têm essencialmente uma camada, que realiza milhões de cálculos para fazer coisas como vencer campeões de xadrez humanos, por exemplo.

Consciência Como computações no cérebro podem dar origem à consciência? É difícil definir o que é consciência exatamente. Mas é com ela que experimentamos a vida. Temos um senso do presente –

linha do tempo

1936
Turing publica seu estudo sobre computabilidade

1989
Penrose publica a ideia da gravidade quântica sobre a consciência

de viver no agora. E temos uma sensação de passagem do tempo – o passado. Nosso cérebro armazena memórias e nós designamos padrões a elas para lhes dar significado. Podemos fazer simples previsões sobre o futuro, por meio das quais tomamos decisões.

Muitos físicos, incluindo os pioneiros quânticos Niels Bohr e Erwin Schrödinger, imaginaram que sistemas biológicos, incluindo os cérebros, podem se comportar de maneira a serem indescritíveis usando a física clássica. Com a teoria quântica se desenvolvendo, diversas maneiras de criar consciência foram propostas, do colapso de funções de onda ao emaranhamento. Mas ainda estamos longe de aprender exatamente como isso funciona.

David Bohm perguntava o que acontece quando ouvimos música. Com a canção seguindo em frente, retemos memória de sua forma em evolução e combinamos essa recordação com nossa experiência sensorial do presente: sons, acordes e sensações da música que ouvimos

Inteligência artificial

Uma das primeiras pessoas a tentar quantificar como o cérebro manipula informação foi o matemático britânico Alan Turing. Hoje reconhecido como pai da computação, em 1936 ele publicou um famoso estudo provando que seria impossível construir uma máquina para lidar com qualquer cálculo que pudesse ser expresso como uma série de regras, um algoritmo. Ele tentou imaginar o cérebro como um tipo de computador e imaginou com que regras ele funcionaria. Turing propôs um teste para a inteligência artificial, conhecido agora como teste de Turing: um computador só poderia ser considerado inteligente se pudesse responder a qualquer questão de modo que não pudesse ser distinguido de um humano.

Em 2011, um computador chamado Watson chegou perto. No programa de TV *Jeopardy!* a máquina derrotou dois adversários humanos, captando o sentido de muitos coloquialismos, metáforas e piadas de língua inglesa para abocanhar o prêmio. Watson foi a prova de um conceito para pesquisadores de inteligência artificial. Mas seu sistema lógico é muito diferente do cérebro humano.

1999

Tegmark sugere que a decoerêcia torna estados quânticos impossíveis no cérebro.

> **“Vejo a consciência como fundamental. Vejo a matéria como um derivado da consciência. Não podemos nos interpor à consciência. Tudo aquilo que falamos, tudo aquilo que consideramos existente, postula consciência.”**
>
> **Max Planck, 1931**

agora. É essa mistura do padrão histórico com nossa tela do presente, que é nossa experiência da consciência.

Bohm argumentava que essa narrativa coerente deriva da ordem subjacente do Universo. Assim como fótons são tanto onda quanto partícula e observamos uma forma sob diferentes circunstâncias, a mente e a matéria são projeções de nosso mundo sobre uma ordem mais profunda. Eles são aspectos separados da vida: por serem complementares, analisar a matéria não nos diz nada sobre a consciência, e vice-versa.

Estados cerebrais quânticos Em 1989, o matemático e cosmólogo de Oxford Roger Penrose publicou uma das ideias mais controversas sobre como a consciência é gerada em *The Emperor's New Mind.* Penrose recapitulou as ideias de Turing e argumentou que o cérebro humano não é um computador. Além disso, a maneira com que ele opera é fundamentalmente diferente, e nenhum computador poderia replicá-lo usando apenas lógica.

Penrose ainda foi muitos passos além, ao propor que a consciência está ligada a flutuações no espaço-tempo em razão da gravidade quântica. A maioria dos físicos não aprovou essa ideia – por que a gravidade quântica iria se aplicar ao cérebro úmido, macio e gelatinoso? A comunidade de inteligência artificial não gostou disso, pois eles acreditavam que poderiam construir um simulador de cérebro poderoso.

Penrose não sabia exatamente como ou onde o cérebro manipulava esses efeitos de gravidade quântica. Ele se juntou ao anestesiologista Stuart Hameroff para estender o modelo, elaborando o livro de 1994 de Penrose, *Shadows of the Mind.* A mente consciente, eles sugeriam, era feita de muitos estados quântico sobrepostos, cada um com sua própria geometria de espaço-tempo. Os estados decaíam à medida que eventos se desdobravam, mas eles não o faziam todos instantaneamente. Essa percepção momentânea é nossa sensação de consciência.

A gravidade quântica age sobre escalas muito pequenas, menores que as de um neurônio. Hameroff sugeriu que isso poderia ocorrer em longas estruturas tubulares de polímeros que ficam dentro de neurônios e outras células, chamadas microtúbulos. Microtúbulos fornecem estrutura e também conduzem substâncias neurotransmissoras.

Condensados de Bose-Einstein, colapso de função de onda e a interface entre o observador e o observado têm sido explorados como gatilhos para a consciência. E a teoria quântica de campos também foi explorada como maneira de descrever estados cerebrais. Estados de memória podem ser descritos como sistemas de muitas partículas, mais ou menos como o mar virtual de partículas, que é associado a campos quânticos e ao espaço vazio. O tunelamento quântico pode ajudar as reações químicas que envolvem sinalização neuronal.

Outros físicos sugeriram que a aleatoriedade quântica está por trás da consciência, recolocando-nos sequencialmente de um estado mental em outro. Muitos físicos permanecem céticos, porém, e têm questionado se estados quânticos podem existir fora do cérebro por algum intervalo de tempo. Em um estudo de 1999, o físico Max Tegmark sugeriu que efeitos de decoerência iriam desmontar estados quânticos em uma escala de tempo muito menor que aquela típica da sinalização cerebral. O cérebro é grande e quente demais para ser um dispositivo quântico. Não há ainda um veredito sobre o grau com o qual a teoria quântica explica a consciência.

A ideia condensada: Colapso mental

Glossário

Aleatoriedade: resultado que é puramente baseado em sorte, como lançamento de dados.

Antimatéria: um estado complementar à matéria normal, com parâmetros quânticos invertidos.

Átomo: o menor fragmento de matéria que pode existir independentemente. Átomos possuem um núcleo (de prótons e nêutrons) cercado de elétrons.

Bárion: partícula elementar (como um próton) feita de três *quarks*.

Bóson: partícula com *spin* de número inteiro, como o fóton.

Camadas de elétrons: regiões do espaço onde elétrons podem ser encontrados circulando um núcleo atômico.

Complementaridade: argumento de que a natureza de um fenômeno quântico depende da maneira com a qual ele é medido.

Comprimento de onda: a distância entre cristas ou vales de ondas.

Cosmologia: estudo da história do Universo.

Dualidade onda-partícula: ideia de que entidades quânticas como a luz podem aparecer tanto como partículas quanto como ondas (ver Complementaridade).

Eletromagnetismo: teoria que unifica a eletricidade e o magnetismo.

Energia: o potencial de mudança contido em algo; conserva-se como um todo.

Emaranhamento: sinais correlacionados entre partículas.

Espaço-tempo: combinação de três dimensões do espaço e uma de tempo na teoria da relatividade.

Espectro: o brilho da luz em uma gama de frequências.

Fase: a diferença relativa entre duas ondas, medida como uma fração do comprimento de onda.

Férmion: partícula com *spin* de número meio-inteiro; dois férmions nunca podem ocupar o mesmo estado quântico.

Fóton: uma partícula de luz.

Função de onda: em teoria quântica, uma função probabilística similar à de uma onda, que descreve as propriedades da partícula.

Campo: maneira com que a força se transmite à distância.

Fissão: a repartição de um núcleo grande.

Força: um empurrão, puxão ou qualquer impulso que faz algo mudar de posição.

Frequência: taxa com a qual picos de ondas passam por um ponto.

Fundo cósmico de micro-ondas: forte brilho de micro-ondas vindo de todo o céu, originado no Universo jovem.

Fusão: a junção de núcleos pequenos.

Gravidade: força com a qual massas se atraem.

Hádron: partícula elementar feita de *quarks* (bárions e mésons são subclasses).

Hipótese de muitos mundos: ideia de que eventos quânticos causam o brotamento de universos paralelos.

Incerteza: em mecânica quântica, a ideia de que algumas quantidades não podem ser conhecidas simultaneamente.

Interferência: o reforço ou o cancelamento de ondas quando combinadas.

Isótopos: versões de um elemento químico com diferentes números de nêutrons.

Localidade: princípio segundo o qual um objeto é influenciado apenas pelos seus arredores imediatos.

Massa: propriedade agrupada que depende de quantos átomos ou *quanta* energia um objeto contém.

Matriz: construção matemática similar a uma tabela de números.

Momento linear: produto da massa pela velocidade.

Molécula: dois ou mais átomos agrupados por ligações.

Núcleo: o centro compacto do átomo, consistindo em prótons e nêutrons.

Observador: em mecânica quântica, a testemunha de uma medição.

***Quanta*:** pacotes de energia.

***Quark*:** o menor constituinte de um hádron, como um próton ou um nêutron.

***Qubits*:** "*bits* quânticos", elementos de informação quântica.

Radiação de corpo negro: brilho característico de uma substância perfeitamente negra.

Radioatividade: a emissão de partículas por núcleos instáveis.

Semicondutor: material que conduz eletricidade mais do que um isolante, mas menos do que um condutor.

Simetria: similaridade sob reflexão, rotação ou redimensionamento.

Supercondutividade: condução de eletricidade sem nenhuma resistência.

Superfluidez: movimento de um líquido sem viscosidade.

Universo: todo o espaço e o tempo; descrições dos físicos podem ir além disso quando falam sobre universos paralelos e teoria das cordas.

Vácuo: espaço completamente vazio.

Índice

Este livro foi composto em Goudy Old Style
e impresso pela RR Donnelley para a Editora
Planeta do Brasil em setembro de 2015.